藍學堂

學習・奇趣・輕鬆讀

玩提案

PLAY

Play 提案不累

黃志靖 著

PRESENTATION

PLAYBOOK

CHAPTER

我認真，我是來玩的！　13

時代巨變，提案知變

從手機開始，認識提案場的「新觀眾」

「滑掉」變成提案障礙

唯「玩」不破，真心看得見

Play 不累，你就有「玩家特質」

玩出名堂，玩出好提案

CHAPTER

打破第四面牆　33

「第四面牆」在哪？

突破「線」制，放膽玩

說話的力量

從生活中找回話語

George 教練帶你做

CHAPTER

敢玩，更要懂玩

提案要傳達訊息，不是讓人焦慮
提案的起點：使命與任務
任務前哨站：假想題＆假想敵
開場 10 分鐘，邀請觀眾一起出任務
觀察可歸納，洞察好演繹
你是誰？
4 種自我定位，玩出不同身分
預備提案功能卡，提升戰鬥值
直面魔王，來玩吧！
小鬼一樣很嚇人
George 教練經驗談

CHAPTER

如臨其境，說好故事

壞故事 6 大障礙
認知、情緒、慣性
好故事藍圖始末
找對切入點，成就合宜性
商業好故事 6 步驟
George 教練帶你做

CHAPTER

CHAPTER

玩得盡興、玩得漂亮，George 抓得住你！

谷元宏／富邦媒體科技（momo）總經理

　　認識 George 就是在提案的場合，看他「演」故事，與觀眾互動。每一次，他都能抓住現場的大家。George 這個人，身上散發出「戲感」，從髮型、眼鏡、說話、表情等等，都讓人對他感興趣，願意把注意力交給他。

　　也許是與生俱來的個性，也許是戲劇系的背景，也或許是這些年的歷練，不論原因如何，結果都造就 George「神提案」的能力。本書是繼《神提案》後，從另外一個角度及邏輯框架闡述「意念推銷」的好書，讓客戶接受你的提案，對你的「故事」買單。

　　如何表現一個抽象的意念，並在意思、意念、意義之間轉化時，還能持續抓住觀眾，更甚者讓觀眾（客戶）主動抓著、賴著你不放，所有的訣竅都在這本書中，George 毫不藏私，等著讀者深入挖寶。

　　《玩提案》是以「玩」為切入點，道出一個真誠、自然的提案，最能讓自己處於一個最適的提案狀態，也最容易讓觀眾融入提案情境。「玩」字，雖然簡單，其中的學問卻很大，要玩得好，玩得巧，玩得雅俗共賞、玩得賓主盡歡，還不偏離提案的邏輯軌道，是一種超凡能力，更是一種境界，能讓客戶留下深刻印象。當你能「玩」

這種提案，不論結果如何，都是贏家。

這些年我看過許多提案，有一些精彩的場景仍記憶猶新，其中不乏 George 的身影。提案本身就是一個意念推銷的過程，但我相信大家都不喜歡被說服，如何與對方「一起玩」出共識，其實就是一個成功的提案。我誠摯推薦，這本書可以提供你很多想法，幫助你玩出好提案。

周麗君 / 台灣/電通mb 創意長

　　不論是動腦會議、跟老闆過 idea、或是對客戶提案、比稿面談⋯⋯大大小小的戰役，天天都在出征。團隊一整個月的辛苦，結果是上天堂的勝利歡呼，還是墜入地獄的歸零重來，往往就看一次臨場表現。不只事關尊嚴與榮辱、生意和聲譽，還深深影響著家人的幸福，以及人生的意義。在我們這行，賣的是無形的概念與創意，因此「提案」這門武功人人必修，不會就是死當。

　　儘管廣告江湖上，人人都有一些提案的功夫底子，但 George 的提案還是超人一等，領先群倫。雖然我與 George 是競爭同業，有幸親眼目睹他出神入化的功力，真心可以說稱得上金馬獎最佳男演員的等級。面對客戶不論官階高低，總能談笑風生、妙語如珠，面對質疑也能氣定神閒，進退得宜，四面八方各種離奇的提問，都能輕鬆化解，態度不卑不亢。同樣一隻腳本，他講起來就是風生水起、精彩絕倫，導演拍出來都不一定有他說得精彩，令我佩服不已。

　　拜讀《玩提案》後才知道，George 不只是天生討人喜歡，更有一副好口才，還有許多不為人知的智慧與祕訣，像是如何打破「心中的舞台線」、好故事必須在「意思」、「意念」、「意義」之間轉化自如；「與客戶創造對話空間」，開啟協作正向循環。書中每一句話都有如醍醐灌頂，讓腦門一點點打開來。

這本書讀起來就像在聽 George 提案一樣，流暢好吸收，處處是錦囊。不管是廣告老鳥如我，或是馳騁職場的年輕戰士，甚至純粹只是想把想法傳遞出去的每一個人，都能在字裡行間吸取智慧精華，涵養自信與表達原力。

誠如 George 說，「人生就是一場又一場的提案」，不論你的對象是誰，上場之前，先翻開這本書吧！

蔡維力 / 永豐餘投資控股總經理

　　我在前一個工作崗位認識 George，多年來已經成為莫逆之交。有鑑於當時公司製造與銷售的汽機車在行銷上仍有提升空間，便邀請了國內七家大型廣告代理商，針對品牌策略與某一款車型進行提案，機車與汽車各要選出一家廣告代理商。

　　評選歷時二日，第一天機車提案、第二天汽車提案，由公司二十餘位高階者管擔任評審委員。兩天下來，George 的團隊在機車與汽車兩個項目都被評為遙遙領先的第一名，因此毫無懸念，兩項都由 George 的團隊包辦了，這也開啟了 George 與我數年之間非常愉快的合作。

　　George 的團隊在評選與後來的服務裡，每每都能給予精準的策略、鮮活的提案、坦率的溝通、嚴謹的製作，對公司的助益極大。我除了慶幸所託對人，也驚嘆 George 團隊為何如此厲害，此次拜讀《玩提案》才豁然開朗，原來 George 提供的好服務，真的是認真「玩」出來的。

　　「玩提案」的概念，不僅對有志從事廣告代理業務者大有幫助，也能協助其他各行各業的人。「生活處處是提案」，無論是生活上、商業上，人與人的溝通都得經過「提案」的過程才有結論。本書輔

以 George 教練的練習題與經驗談，點出了「提案之道」在於認真的玩、打破與觀眾之間的第四面牆，也提供了「提案之術」訓練腦、心、口三位一體，把故事講好。讀者若能熟讀此書，印證在工作與生活上的各種「提案」，裨益大矣，本人極力推薦這本好書。

作者序

我要告訴大家，長期被視為職場專業技能的「提案技術」，究竟發生了什麼變化？

不囉嗦，結論先行，論證候補：我要帶大家從「玩」的概念出發，終將向你證明「為什麼提案也可以玩」。

這本書會清楚告訴大家：

- 提案因為時代發生什麼劇變
- 這場改變如何影響你的提案成效
- 提案跟玩心動力之間有什麼關係
- 不玩會如何
- 玩了又怎樣
- 最好開始玩
- 怎麼玩最好玩

我在學生時代就知道，未來要走哪一行，但廣告業的吸引力，遠不及我對其他行業的想望。不過我萬萬沒想到，自己會走上這一行，「提案這件事」會對我的職業生涯有如此巨大的影響。

和不同客戶提案，是廣告業家常便飯，也是最熟悉不過的日常。《神提案》出版後，這幾年常有許多演講授課的機會，我常以另一個身分接觸企業機構，每次會後和與會者交流，始終都有一個問題

無法好好回答，對我來說卻又是真實的提問：

什麼才是提案的真義呢？

或者更具體來說，我們的提案到底改變了什麼？我知道，廣義的答案是商業提案的企圖及目標，但我更深刻體悟了那種「以為生意只是生意」的錯誤認知。

提案場上，有許多新鮮人對未來喊出的大膽提案；也有稍有歷練，但尚未成熟的新創提案，更有力圖扭轉僵固思維的艱苦提案。職場之外，還有更多朋友在生活、生命中，尋找秩序、追求一生圓滿的提案。

這些「所有」不斷激發、刺激著我：我還想向這個世代繼續提案。

我呼求的日子，你就應允我，鼓勵我，使我心裡有能力。

——詩篇 138:3

所有的工作術都能透過學習進而提升，關鍵就在於「心」。「提案」是非常講究順序邏輯、輕重緩急的專業能力，若我們能找回生活次序，從根本恢復，恢復玩心、找回初心，我相信任何提案都難不倒你。

讓我們的心充滿能力，勇敢、自由地向自己提案吧！

獻給我的家人，我親愛的 Jo & Ryan

黃志靖 *GEORGE*

我認真，我是來玩的！

提案，就是場域共創、感官接觸，繼而延展訊號的「思想遊戲」

老話一句：時代變了，當然提案「環境」也一定會變，提案的邏輯和態度就得跟著變。唯一不變的是職場對「提案力」的高度需求，過去你認為的「提案」可能是：

> 站在高位給予專業指導（帶有些許英雄主義色彩）
> 一定要有強大的 Big Idea
> 具有專業知識與口語表達技巧
> 展現說服熱情與臨場反應
> 某種型態的演講
> 需要談判、聆聽的能力
> 只有主播、主持人、直銷商、行銷業務人員這些行業需要
> 提案力等於職場競爭力，是提高自我表達與定位的最佳途徑

以上描述，彷彿可以看到提案人在台上光芒四射表現自己，台下觀眾露出迷哥迷姐的表情、一直點頭稱是的模樣，是吧？

這些觀念都沒錯，但現在必須升級更新了，因為以前「行得通」的技巧，現在完全「不流行」了，答案就是這麼簡單（又殘酷）。

一分鐘檢索：變／不變

過去命題：提案開場如何吸睛？
現在更要問：為什麼人缺乏專注力？
過去命題：提案如何引發觀眾情緒？

▶ 現在更要問：為何人們喜歡聽故事？

　過去命題：如何增強說服力？

　　▶ 現在更要問：為何提案內容不能引起共鳴？

　過去命題：如何贏得客戶支持？

　　▶ 現在更要問：為何人們習慣共同行動，獲取認同？

　過去命題：簡報如何強而有力傳遞訊息？

　　▶ 現在更要問：為何人們不懂簡化資訊？

　　簡單來說，現在提案者的權威感銳減，提案時反而要如實還原客戶需求，不再是「提案者說完→客戶接受」而已。提案過程是提案者和客戶了解彼此想法、不停攻防、不停共同創作，最後找到共同方向的「思想遊戲」。

　　簡單一件事，誰能做得對、做到好，誰就能贏得市場青睞。如果還把「提案」定位在 Show 口才、背 PPT，忽略客戶的市場處境，忽略現場所有人肢體語言透露的各種情緒，那麼這場提案一定會走回唯我獨尊的「救世主」老路。當台上的提案人救不了場面，還會有另一個救世主出現。

　　所以怎麼辦？我們如何回應時代，同時做好應變？如何在跨世代的組織團隊中做好提案？特別是「後疫情時代」，我們如何在提案中碰觸人性，找到真實的啟發點，創造認同？當然，我們更要認識提案的「新阻礙」，知道未來科技引起的焦慮副作用。

　　一切解題線索，都在「玩提案」過程中，因為提案就是「一場遊戲」，我們一起玩下去，你就知道了。

更新「溝通碼」，提案跨世代

每個企業或團體，同時存在不同世代的人。同世代的「同學」因為彼此熟悉溝通方式、習慣用詞，也有類似成長背景、喜歡的組織文化、職場管理模式，連結周邊資源的方式也較相同。於是，同一間企業跨世代社群之間怎麼相互理解，往往是內部合作時最大的困擾。

這時候，一定有人舉手發問：「George，以前難道沒有世代溝通問題嗎？」當然有！不過沒哪麼嚴重。

我想你一定會接著問：「為什麼現在這麼嚴重？」答案很明顯，因為科技創新、資訊傳播速度太快，我們的「同溫層」變得太厚了。

容我自曝年齡為大家解釋。在我剛出社會，到職工作滿二十年這段時間，大概每七～十年可算一個世代，但自網路和手機變成生活必需品後，我覺得大概每三～五年就可以算一個世代了。這樣的更新速度，快到在浪頭上的年輕人也難察覺，導致世代的年紀差距越來越小，每一世代還來不及適應彼此的溝通模式，新的世代又開始了。

如果一家企業成立超過四十年，這間企業的組成世代，可以橫跨深信「一步一腳印」、白手起家的創業者，到善於使用群眾募資的新世代。從看待世界的方式到人生觀，世代的想法各不相同，溝通難免雞同鴨講。所以，我常在提案中扮演企業內部溝通的中間人，而且多半是協助年輕人向管理階層溝通。如果企業內有這樣的中間

人，每個不同世代才能透過溝通進入「協作共創」（co-creation）；否則企業內部運作，只是不同世代之間「共同防守」（Defense）罷了。

從手機開始，認識提案場的「新觀眾」

我的前一本書《神提案》出版超過六年，短短幾年手機通訊從 4G 進步到 5G，網速飛快提升。以前追一部劇，光是等下載就要十幾分鐘，沒耐性的人還得到有無線網路的地方「偷」速度。現在多虧電信業廣推「吃到飽」方案，劇迷們才可以隨時隨地、想追就追，甚至不用擔心影片解晰度。

對運動迷來說，以前只能透過電視觀看直播賽事，也只能找當時一起觀賽的朋友們討論。現在只要手機一滑，連到直播頻道，不但能直擊球賽、訪談記者會，覺得教練戰術有誤或想表達意見，還可以直接留言 PO 文，打字批評。

看出變化了嗎？我們正生活在可以隨時分享、發表意見的時代，如果還用以前那套「一言堂」或上對下的「威權講話」，「你的話」會立刻激起網友出征洗版。

我想這也是許多傳播學者或企業組織開始重視「**微權力**」（micro power）的原因。現在得到權力的方式更多了，多到史無前例，但權力來得快也去得急，發號司令、帶風向的不再只限於官方。當一支手機連上網路，串起普羅大眾，就能不斷造就新角色挑戰一言堂。也就是說，單一權力早已式微（The End of Power），任何一種聲音、意見，在這個時代都能、都應該被聽見。

簡單來說，微權力就是把話語權「交還」以往多半被動接收訊息、很少能表達意見的小人物。這些「非大權在握」的一般人，像是你和我，像是提倡非主流理念、支持者少、小眾的社會團體等。當話語權交回我們手上，我們就不再只能被動接收訊息，想表達任何看法，不管是發照片、PO 文，還是開直播、拍影片，想怎麼做就怎麼做。如果有人支持——「點讚、訂閱、分享、開啟小鈴鐺」，時間一久、粉絲一多，自然就有大眾影響力。網紅、意見領袖（KOL，Key Opinion Leader）不就是這樣誕生的嗎？

有喜歡「曬小孩」和網友聊家庭瑣事的新手媽媽；有人喜歡拍可愛寵物、可愛小孩，這類影片點讚數超高，沒有定時上傳新片，粉絲還會敲碗求更新。有些人喜歡當「吃播」，吃到什麼好吃的立刻直播，更有一群人喜歡透過手機看著他吃。

總而言之，你想看什麼，網路上都有。不過，資訊也因此多到爆炸，很多迷因（meme）梗圖傳來傳去，最後才知道是惡搞的假消息。

我要強調的是，當小人物拿回屬於自己的話語權後，改變的不只是對社會話題的反應速度，連帶也解構了企業組織傳統由上而下（Top-down）的管理模式。傳統的企業組織中，位階和職掌越高的人，說出來的話越有分量，影響力與職務權力成正比，內部的溝通路徑是一條單一的垂直線。

然而，進入微權力時代，每一個小人物或許早已習慣、也不再害怕表達自己的意見，更期待意見得到支持，產生爆炸性、關鍵性

的改變或影響。

打破「由上而下」的溝通方式，企業文化必然遭受衝擊，不過這股「改變的亂流」卻能激發許多新鮮的想法和創造力，成為企業創新的「正能量」。每個人的意見都是好點子，當好點子多了，就能產生好結果，每一個「更新版」的點子，也能成為「集體智慧」（collective intelligence）和協作共創的結晶。如果一間企業不能運用眾人的創造力找出新可能性，或許電競、平台 APP 等新興產業、新創公司，甚至是 WFH（居家辦公）等新模式，都不可能出現。

談了這麼多，我想應該會有人想問：「George，這些微權力、集體智慧、協作共創，和我們的提案有什麼關係？」當然有關係！而且關係還不小。這些文化與環境，顛覆了我們對「提案」和「提案者」的看法，甚至還造成這個時代才有的「提案錯誤」。

微權力，扯掉「救世主光環」

就提案而言，市場主流思維仍以「高端對低端輸出」的觀念為主。無形中也影響了我們對提案者角色的定義：他是專家、大師，帶著絕佳提案登場，提供至高無上的解決方案，解救客戶脫離火海的「救世主」。

老話重提：時代不斷進步。許多企業的行銷團隊，已從「千禧世代」向下移動至「Y 世代」、「Z 世代」（也許正在看本書的你，就是這兩個世代的朋友），商業行銷的目標對象，也開始朝向「Y世代」、「Z 世代」，甚至是「@世代」、「後疫情世代」移動。

這群數位原住民打一出生，就在 3C 中長大，他們善於運用網路連結，凝聚集體智慧與協作共創，更善於運用網路找到想要的專業知識。

在他們眼中，專業知識 Search 一下就有，可能提案者還在台上，他們早就用手機確認內容正確與否了。面對這群擁有自己的情報網路、信仰特定真相邏輯、高度仰賴技術專長的超級資訊信仰者，提案時若還端著一副「救世主」的英雄架子，只怕連補充說明或解釋差異的機會都沒有。

所以「提案權威」在這個時代已不管用，取而代之的是尋求理解、創造對話。只有放下居高位的權威心態，試著先找出認知差異，才有可能從各說各話、一團迷霧中找到共識。

「滑掉」變成提案障礙

不管你想不想，我們每天都會從手機、網路接收一大堆資訊，如果不想看、不喜歡看，你會有什麼動作？很簡單：拿出手機，一指滑掉。接收或不接收，一根手指搞定。這個行為慢慢成為一種心理暗示，遇到不喜歡的事物、不想討論的話題，我們會選擇心理屏蔽，直接滑掉眼前的東西。

許多專業網紅或影音原創者，為了抓住觀眾眼球，不願辛苦的作品被觀眾隨便滑掉，往往會刻意把一件需要兩天才能完成的事，後製濃縮拍成短短 3 分鐘的影片，把最吸睛的重點放在前 10 秒。因為可選擇的影片太多了，觀眾確實會在 10 秒預告內決定「滑與不

滑」。不過，也有可能因為長期觀看高濃縮影片，觀眾常誤以為完成影片中的事只需要 3 分鐘（事實上可能需要兩天），或是認為拍好一支 3 分鐘的影片只要 3 分鐘（事實上需要後製），完全未考慮拍攝時遇到的困難細節。

「這對提案有什麼關係？」我告訴大家：關係可大了！

當這樣的認知形成，觀眾會處在「以為看到，就等於完工」的狀態（例如：3 分鐘真的可以完成影片所說的事），以及「以為想得到，就能做得到」（例如：拍完 3 分鐘影片，只需 3 分鐘）。於是，當提案的策略不吸引人：滑掉。提案的故事不吸引人：滑掉。對代言人無感：滑掉。

最可怕的是，滑掉的原因是觀眾的認知已然成形，所以提案中要他接受「以為可以，但實際上不能」的事實時，說服就更有難度。想像一下，若我們彼此思考不同步，又如何接受學習或刺激？這是科技時代獨有的問題。

我親愛的朋友，在以往的舊經濟時代，客戶還會「以學術探討精神，行客套拒絕之實」，但現代觀眾面對提案的耐性和過去大不相同，當然不能再用過去的線性路徑，一步步堆疊提案內容。有時必須依賴跳躍式的解說，或是必要的超連結、直接提供案例參考，才能避免提案沒說完，你的畫面就被 CUT 掉了。

我們所謂的「知識」，對許多每天接觸海量資訊、對世界認知超乎自己想像的「數位原住民」來說，只要想找，就一定找得到。

我常聽到公司的大學實習生聊天談到，「學校教的不是我要的，為什麼還要上學？」這樣的話題。面對新人的挑戰，企業若沒有新的方法，讓教育訓練系統化，讓知識傳承，我相信職場老鳥、資深前輩們也會感到茫然不安。不過，也許新人會更擔心無法適應職場生活。

這一群快速熟成的 Y 世代、Z 世代朋友，因為知識資訊取得方便，形成了兩種截然不同的學習態度。採取消極路線的人，覺得知識一搜就有，不必特別花時間學習，有需要上網再找就好。於是他們的學習過程、提問過程，容易變得沒有方向感，嚴重一點還會出現厭世感。所以提案如果沒有 Get 到「點」，他就會放空，因為提案者訴說的內容，對他而言沒有任何意義。

事實上，提案肯定有內容，他可能只是來不及 Get。或許你會說：「拜託，George 哪個時代不是這樣啊！沒 Get 到，就是忽略啊，不然呢？」如果你這樣想，恭喜！你是活在當代的「年輕人」。

但以前我們不是這樣「幹」的，聽不懂要趕快裝懂，否則會失去學習機會，想偷學人家還藏著呢！過去→現在，真的有很大差異。

相對走上積極路線的人，反而懂得把網路看成巨大的知識庫，

懂得運用即時搜尋的方便性，學習有需要的專業。在參與提案的過程，有著積極、強烈的求知欲，懂得運用自己的能力驗證提案內容，加以理解分析。當代很多新創工作者，多半都樂於自我追問，希望找出真正的問題，以及可能的解決方法。這樣的情況越來越常見，也正意味著現代的提案要更開放，預設更多可能，同時必須大幅提升「事實界定能力」。

把這個觀念放在提案現場，選擇消極路線的客戶只知道「這些不是我要的」，卻不知道「哪些是自己想要的」。他們很少透過問題尋找答案，或常把問題定義得太簡單。這些態度都可能讓提案者在資訊不全面的狀況下失誤，因而增加錯誤提案、策略錯誤的可能性。所以提案者或許要反其道而行，告訴他們哪些「不是」答案，必要時玩一個「是不是」的遊戲，吸引他們好奇，才能找到真正的需求。至於面對積極路線的客戶，提案者更必須為提案賦予一個「使命」與「價值」，才能引起認同。

突圍觀眾思考邏輯的提案技巧含金量很高，首先要知道觀眾知道什麼，也就是「已知」。或是「已知中的未知」，也就是他們「以為知道」什麼，或者他們根本什麼都不知道，這就是純然的「未知」。提案者如何破梗出招、鋪墊整合，就是一門很大的提案學問。

當代的提案：有感內容，無痛交流

我想大家最關心的焦點，就是提案如何提高勝率。仔細探究會發現，時代給我們的挑戰，造成了核心差異。怎麼說呢？

過去提案的 impact，現在仍是必須；以往提案講求呼應時事話題，主打寓意故事說服觀眾，現在仍然需要。

但是，重點來了！時事可能引來立場危機，話題持久度更不容易拿捏，有時熱得快，冷得也快。這些在準備提案時都必須納入考慮，小心服用。就連紅極一時的「故事行銷」也產生了質變，我們更要反思，究竟怎樣的故事才能真正觸動人心？

故事的意旨，顯現世代之間的認知落差。單是想從話題中找出故事性為提案增色，難度相對都比以前高。誤解故事行銷公式的結果就是，提案者渴望創造故事的簡化點，快速獲得可消費利用的情感連結，卻忽略所處時空的脈絡及特徵，忘記「故事有感」的基礎，必須來自人們真實的生活價值、生命存在的意義，才能真正賦予故事情感。當故事承載情感，才可能用於提案，為商品服務本質加分，加深客戶認同。

因為我們都知道「被故事感動」的感覺。在提案中，「創造有感內容，打造無痛交流」，更是後疫情時代故事性的認證標配。

想增強提案互動率，必須先追求無痛交流，因為「Giving」是一回事，「Receiving」又是另一回事。當提案內容輸出後，觀眾的理解或互動不同，難以建立單一辨識價值，反而會讓提案信號減弱。世代處境差異、定義問題的看法，對提案來說都是阻礙。除此之外，對權威的不信任，導致互動差甚至「零互動」，都是提案時常遇到的阻礙。

各位朋友請放心，我是來解決問題的。如何突破以上種種不利因素，繼而持續開啟跨世代對話，我想只有「恢復玩心」可以辦到。

唯「玩」不破，真心看得見

「玩」，通常讓人感覺隨性、輕鬆，沒那麼正經，甚至不會聯想到學習。我不全然認為「玩是一種學習」，但卻覺得「玩」是這個時代做好提案的關鍵。Why ？這牽扯到提案本質中最重要的一環：人的心理。

愛玩，是我們的天性。天真的小朋友總是能呼朋引伴、打成一片，單純就是為了「好玩」。因為「好玩」而想贏，為了「更好玩」而努力練習，在玩的過程中，沒有任何利益，只是純粹想玩，相信小時候的我們也是如此。

「玩」可以打破界線，這是提案最關鍵的技巧。無論是玩音樂、玩遊戲、玩花藝…，在玩的過程中，我們會認識玩伴，同時認識彼此的程度差異，產生交流玩法。例如，同樣走草嶺古道，有些人輕裝上陣，一只包包就上路；有些人則是烹煮器具帶上身，打算在休憩時現煮現吃。也好像同一首歌，有人唱得傷心欲絕，有人唱出淡淡離愁。在玩的過程中，我們很自然會呈現自己的興趣喜好、個性情緒，同時樂於分享也勇於信任。因為玩，才有「真心」，這是當代提案者最缺乏的能力。

「玩」讓我們彼此敞開，從陌生變熟悉，讓差異觀點因真心的潤滑作用，更容易被接受。一條本來存在於職場競爭，或尊卑階級

的區隔線，都會因為玩心慢慢淡化，甚至消失。我想這也是許多公司在 Team Building 時設計團體遊戲，增加團隊熟悉度的原因。

小孩子聽到「學習」，心裡不免感到沉重，但一說到「玩」，心情會立刻輕鬆起來。大人恰恰相反，總以為學習帶有明確的目標動力，這股驅動性更能提升孩子們的競爭力。可是當家長們暢談「教育理念」時，卻又奉行「玩樂引發學習動機」的理論。是的，大人就是如此複雜的動物。

這可能是職場遺毒，大人受限於「產能框架」，因而忘了玩的初心，不相信玩的力量。

話雖如此，在提案現場我們都知道，提案者的內容對觀眾而言，認知上未必有學習性（實際上每一場提案應該都有學習點）。或是說，即便有學習性，卻未必等同觀眾會自發學習，這是成人教育普遍的認識觀念。換言之，「玩」就是啟動鈕，也是邀請觀眾進入思考的召喚儀式。

所以，接下談的「玩」，就不只是玩出技巧而已，同時更要召回「玩的初心」。如果我們在提案時，恢復玩心，就能吸引客戶注意力，也才有機會讓提案中的每一位參與者，進入我們創造的提案情境，讓大家（包含你自己）享受一場精采的提案，我相信你會更明白：原來「提案」不僅要口條好、有邏輯架構、口語表達到位，「玩的心態」往往才是致勝關鍵。

多年商業提案洗禮，我發現如果可以找到「玩的動機」，設計故事情境，就能大幅提升提案力。

以打 Game 來說，許多手遊或桌遊劇情中，都有必須完成的使命和目標，有一層層的關卡，提升戰力的配備，逐步升級的指標，有攻擊你的怪物、有與你合作的隊友、有站在對立面的敵人……有些遊戲是回合制，有些是 RPG（Role-Playing Game，角色扮演）需要角色扮演進行自我投射。所以我說，「遊戲根本就是提案場啊！」為了完成使命，必須擬定作戰攻略，不同玩家使出的打法有時還自成一派，學也學不來，這些都和提案現場一模一樣，有關卡、有隊友、有敵人，有時候還敵友不分。

提案必須要完成客戶期望的使命與目標，在圓滿完成任務前，還要通過一道道檢核，有時要運用高規格的器材提升品質，當中有自我實力的累積，有突發的挑戰，有許多齊心完成提案的夥伴，當然還有與你競爭的對手。每一回提案都會有相似經歷，但內容不大相同的體驗。角色扮演有時更能彰顯提案精神，為了出奇制勝，也許會採取特別的策略、個人特質就會在提案中自成一格。

這不就像是「玩」一場遊戲嗎？

Play 不累，你就有「玩家特質」

不同特質的玩家喜歡的遊戲不同。喜歡奇想類的玩家可能是

〈神魔之塔〉的擁護者；想展現統御特質並與他人鬥智的人，也許會玩〈傳說對決〉。當然也有走懷舊路線的人，喜歡麻將、Candy Crush、任天堂這類敘事簡單卻要投入高度專注力的遊戲。

有些人天生謹慎保守、做事細心，他們的提案可能比較穩紮穩打。有些人具有決斷力，表現欲望強烈、思想開放，那麼他的提案就有可能充滿驚奇，不按牌理出牌。有些人追求的是征服感，看重輸贏，享受挑戰；當然也有些人享受過程，得失心不重，講求的是自我成就。

在「玩一個好提案」前，你必須認識自己，個性開不開朗、悲觀還是樂觀、有沒有冒險精神；加上你的外在識別，比如看起來專業、好像很愛講笑話等等，這些特徵都會勾勒出「玩家特質」。這些特質也會讓提案帶有自己的「手路」（台語：特殊手法）。

當你出現在他人面前，長相、穿著、髮色等外表，是你想建構的角色識別；與人交談，你的口頭禪、口音、用什麼字詞、語調起伏明顯還是平穩，展現出的是文化氣質。如果你不喜歡看套路很像的劇情，不想聽沒新意的演講，對舊東西感到無聊，這樣的特質也許會鼓勵你不停學習。如果你能輕易跳脫彼此的利害關係，找到共同的興趣或話題，這時你與對方的人際互動自然會從內心出發，更快建立互信與共鳴。

送大家一句創作金句：**Play 不累，不怕批評、不怕另類；只怕嘴貧、只怕「哀」累**。我發現提案者只要擁有更多這樣的「真心時刻」，積累的體驗越多，提案力就會越強。因為玩會傳染、能釋放、

能帶動氣氛，這都是當代提案者最迫切的需要。

我們在提案中玩，也在生活中玩

你發現了嗎？這些玩家特質，不僅出現在提案中，也隨時出現在我們的生活中。再進一步思考，或許我們不只在工作上提案，在生活也要提案。用幾個例子驗證我的說法：

- 哪個地方適合全家出遊，又能為女兒留下一輩子的成年紀念？
- 挑什麼生日禮物給男／女朋友，見證我們的愛情？
- 如何規劃驚喜求婚，讓女友非我不嫁？
- 沒去過某家新開的店，不如嘗鮮一下，看看能不能列為愛店？
- 三五好友相約，吃吃喝喝有點老套，是不是改去郊外走走？

這些日常大小事，都有一個共同點：下決定之前，需要和別人討論或好好想想，還要整合自己和目標對象的喜好興趣，經過多次討論才能決定實現方式，就像前面提到的「思想遊戲」。

這些生活中的大小事，像不像一個又一個提案？差別在於，生活提案中任何努力都有屬於自己的原創和堅持，也加入了你的玩法。但在商業提案中，反而會有許多妥協，要應付長官、夥伴，甚至挨客戶冷箭。

工作真的不好玩，但請相信我，也相信自己，懂玩，可以幫助你扭轉商業提案。

玩出名堂，玩出好提案

有別於《神提案》的寫作邏輯，本書會以更貼近生活的情境，帶各位朋友領略提案究竟是「怎麼一回事」。我會將個人興趣或休閒遊戲產生的玩性心情，拆解成提案的重要觀念和執行步驟。這些觀念能協助你踏上征途，玩出一個好提案。

雖說「提案就像打 Game」，但我的目標對象是提案者，不是遊戲玩家，我也沒有企圖把提案說得像打 Game 一樣有趣激烈，甚至讓人迷戀其中，畢竟這是一本給所有職場人士，幫助他們提升提案力的實用工具書。

「遊戲化」（Gamification，指在非遊戲的領域中，採用遊戲設計元素和遊戲機制，幫助當局者解決問題）這個概念，十分符合這個時代的思考邏輯，我也希望用這個方式，讓所有樂於提案、苦於提案、迫於提案的人，在你我都有的共同生活經驗中，加速對提案的聯想與實戰理解，同時得到多元的觀念和技巧，增強提案力。

所以不管你是打 Game 的一般玩家（Casual Player）還是核心玩家（Hardcore Player），喜歡回合制殺時間，或是一心期待參與新世界建造的 RPG 策略高手，甚至你根本不打 Game，只想怎麼提一個好案子，都可以從書中接收到遊戲化的思考邏輯，改變你原有的提案想法及做法。

職業工作者往往訓練有素，容易被工作慣性矇騙，因而忘了天生「玩」的能力和本能。能讀到第一章結束是關鍵點，我的朋友，

在你決定是否繼續往下之前，我不妨告訴你，本書潛藏了清楚的本意論。那就是：提案是一場思想戰爭、思想遊戲。我有一個大膽的提案，如果你不相信「玩可以改變提案力」，那麼，請放下這本書，因為成人學習理論提到：「若學習者不能開放，則難有突破。」

我的朋友啊，若你只是忘了玩性、失去玩心，就讓我們一起找回來吧！接下來，讓我們用玩遊戲的心情，玩一個好提案，玩出生活的精采！

Let's Play ！

打破第四面牆

成功的提案猶如偉大的遊戲，
讓人以為自己就是那榮耀的征服王者；
玩心一旦燃起，不管輸贏，
每一回合提案，都會充滿動力！

遊戲，就是心情輕鬆才玩得起來。所以我反問：平常我們會用輕鬆、不嚴肅的心情玩遊戲，為什麼不敢用這樣的態度「玩提案」？

「拜託 George，因為提案不好玩啊！」我就知道你會這樣說。那麼，為什麼你會認為提案不好玩呢？

「我只要一上台就結巴……」
「那麼多人盯著，我好緊張，手腳都不知道該放哪了……」
「提案沒講好，案子就沒了，這是搶錢大作戰啊，怎麼敢用玩的！」
「這是客戶重要的託付，一個輕忽，預算就打水漂了，怎麼可能好玩啊！」

我想應該有更多「提案不好玩」的說法。接下來，我要再問的是：提案應該要好玩嗎？可以好玩嗎？

「第四面牆」在哪？

在我來看，提案好不好玩、能不能玩，是一種「策略思考」。讓你不敢想像這種可能性，讓你不敢燃起玩心的第一個阻礙，就是「你以為自己站上台了」。我分享三個突破觀念，幫助你燃起玩心，翻玩提案。

突破點 1：跨越第四面牆，Play Real

上台提案，等於一場表演，這個觀念並沒錯。

問題發生在你和台下觀眾之間出現了一條線，一條虛擬的舞台線。這道舞台線就是戲劇理論中的「第四面牆」（The fourth wall），觀眾透過這面「牆」看好戲、聽故事，但他們只能坐在台下。演員在台上演出，則是假裝觀眾不存在，於是台上台下沒有互動。這面牆就像摩西分紅海，劃出台上台下兩個分界。

為什麼提案場也有這條舞台線呢？那是因為我們總認為，提案時必須「扮演好一個角色」。更糟的情況是，提案前的所有訓練，都基於自己的「觀影經驗」，在自己心中的小劇場排練，那是一種誤以為自己要進「演藝圈」的錯誤認知。

先不論客戶能不能在提案時一路保持高昂的學習鬥志，光為了確保自己的提案內容，能為客戶帶來「哇！」的震撼感，我們就已經給自己造成壓力了。如果提案現場只強調單向演出，不重視反向回饋，等於是限縮了「觀眾參與的權利」，那麼台下冷清清、觀眾不理你，也是理所當然。

在許多課堂、教堂等有舞台的場合，都看得到這條虛擬的舞台線。一般印象中，老師、牧師不應該走下舞台和學生、信眾直接互動，這樣做有可能挑戰他的權威感。但是目前所有的基礎表演訓練，以及老師上課、牧師佈道，都在努力消除這條舞台線、打破「第四面牆」，以走下舞台，互動的模式進行演出、教學、傳道。究竟是為什麼？他們為什麼要走下舞台？

各位朋友，讓我來告訴你：打破第四面牆可以間接創造互動，拉近台上台下的距離，讓觀眾更快進入「劇情」，不管是戲劇、教

學或是傳道效果，都會比「第四面牆」存在時更好。事實上，在提案情境中，你可能是教別人的老師，也可能是被教的學生。當你用老師的姿態站上台，當台下的學生發表意見時，這時舞台方向就倒轉了。如果你心裡一直存有這條舞台線，自然沒辦法容許舞台轉向，但若你隨時準備好消除舞台線，當台下出現意見時，舞台當然就能**翻轉**，現場自然會呈現熱烈互動的開放狀態。

突破點 2：釋放舞台，放開Play

傳統的舞台會強迫提案者進入不適合自己的角色。你可能會不自覺認為，自己應該要像賈伯斯一樣充滿自信，於是開始模仿賈伯斯，但無論怎麼學都不像。或是覺得提案時發音要標準，於是強迫自己字正腔圓，卻變成怪腔怪調。

為什麼會這樣？因為你以為上台就該「扮演」某種正式角色，可是你不是演員啊，怎麼可能演誰像誰？當你有這樣的念頭，提案自然玩不起來。

可是，為什麼打棒球時你可以進入「二壘手」這個角色？因為，在棒球場上擔任二壘手，就是Play the Game，而不是「演出」二壘手，這是再簡單不過的說明。無論你參與任何賽事、玩任何遊戲，你都知道自己的任務是為了 Play，而不是 Play 這個角色，這樣反而會限縮享受玩的能力。

簡單來說，過去提案者有太多「站上舞台」的包袱和框架，好像一站上去，就要變成明星、變成演員，可是怎麼演都不像。於是

越演越「悶」，越演越有壓力，越來越四不像，自然就不會覺得提案和「玩」有任何關係。

舞台線造成另一個阻礙：害怕現場有人吐槽，所以需要舞台線「防守」。

或許你會問：在場觀眾有參與的權利嗎？他們當然可以喜歡你，也有權利對「演出」發出不解、嘲笑，甚至倒喝采。這些情緒反應，看 Stand-up Comedy（獨角喜劇）就知道，但那樣的吐槽卻能激發共同創作的機會。

對於心中有舞台線、沒有準備「玩提案」、只是在「演提案」的人，遇到觀眾的提問或抨擊，可能會下意識直接忽略，自己演自己的，因為這不在排練劇本中，隨時開放、共同創作，恐怕會讓他招架不住。可是對於「懂玩」的人來說，也許正等著這些即興反應，心中說不定還有以下 OS：

「太好了，我就是在等這些！」
「總算有人這麼說，不然我還沒有辦法丟梗，來個二次創作！」
「這個提問有意思，不如順著下去問問他們在想什麼。」

這時候，提案者的玩心就來了。如果提案前就做好被吐槽的心理預備，同時放鬆心情迎接各種互動，隨時接受四面八方湧上來的回饋，你就會成為這場提案的 wave maker。燃起玩心，觀眾自然會

跟著一起玩，也才可能進入安全的互動機制，因為你接受他們，他們才會真的接受你。

能不能解讀台下的臨場情緒，吸收觀眾的反應，或是即興發揮，端看提案者要不要消滅那一條舞台線。舞台線一旦消滅，觀眾的吐槽就能為提案帶來下一波高潮。所以，對提案燃起玩心，第一個要解鎖的，就是消除心中對上台的舞台框線，不要再用「上台理論」綁架自己了。

突破「線」制，放膽玩

站上台，除了第四面牆和舞台線之外，臨場提案還有許多「線」制，會讓你喪膽失志、毫無玩心。像是：

● 總經理線：

提案者對權威的恐懼，當你面對客戶最高主管的反面意見時，無論這個意見合理不合理，只能默默承受，不敢有任何反抗，這很正常。

● 三條線：

「最怕空氣突然安靜」，有時也會遇到不按牌理出牌的突發狀況，或提案會議一直在狀況外、讓你無言的天兵，這時你的臉上肯定會出現尷尬的三條線，讓你玩不下去。

● 政治社交線：

必須和喜歡逢迎拍馬、揣測上意的人保持工作往來，或要小心

客戶團隊的派系鬥爭，此時需要拉出一條政治社交線確保平安。

◎ 科長的毛線：

客戶的承辦窗口得過且過，只想快點結束會議，回到自己的座位打毛線，毫無實事求是的熱情。

◎ 大王的山寨線：

走進客戶的提案會議室，就像走進據山為王的山寨。只要老闆喜歡你，不管你提什麼都可以；或者不管他提的意見和提案策略有沒有關，只要老闆想做，就一定要做。

這些線都是「既有事實」，也是實際的限制，往往會造成壓迫，害我們喪失提案力、不敢玩，因為根本玩不起。

在我的提案生涯中，面對總經理線的次數不少。印象深刻的一次，是在交片會議中，被總經理打槍。這支廣告片從企畫、腳本、分鏡、A copy、B copy……，每一關都通過了。到了最終交片會議，即使現場有些跨部門高層主管是第一次看這支影片，但是我心想，應該十分鐘後就會鼓掌通過了吧。會議就在我非常有信心的狀態下開始了。

人算不如天算，影片播完，總經理沉默了十秒說：「我看不懂。」簡單四個字，推翻所有。

這句話出口，代表團隊這段時間的心血全部白費，影片可能要重拍，所有的策略規劃和執行方式全都要重來。所以包括創意、製

作、業務等所有我方團隊成員全部驚呆，不安、不滿的情緒已經出現，而客戶端的承辦人也礙於公司文化，沒辦法開口挑戰權威，協助我們向總經理說明。

我明白總經理這句「我看不懂」，其實就是「我不喜歡」。看不懂，代表的是我們在策略溝通的專業受到質疑；不喜歡，則是主觀的價值判斷，兩句話代表的意思可能完全不一樣。

我感受到團隊的心情，也知道到客戶承辦人的為難，身為執行團隊代表，我覺得自己有責任為團隊發聲，即使翻盤的可能微乎其微。

所以我先向總經理道歉，承認我的團隊一定有些地方沒做好，才會讓總經理「看不懂」。

「但是，請總經理給我說明的機會，」我語氣溫和回應總經理，三分鐘內完事，就像拆炸彈的緊急狀態，以秒計算。談到最後，總經理眼神示意，口頭安慰，還拍拍我的肩膀。但結論不變，他們必須堅守立場。

為什麼我敢挑戰總經理線？因為我知道「不喜歡」與「看不懂」的差別，畢竟層層報告一路走到執行，中間即使有再大落差，肯定都不會得到「看不懂」這個結論。但爭取解釋機會，就是我「認真在玩」的心理轉變，我就是想玩玩看，到底雙方會激出什麼火花，這就是「玩心」。

如果我沒有玩心，可能總經理說完就直接屈服了，不會有後面解釋的機會。但是爭取說明時間，雖然結果不盡人意，可是我贏得了總經理對團隊專業的尊重和認可，也拉近了和客戶決策高層的距離。這很好玩，也值得玩。

容我提醒各位朋友，特別留心不要誤解。燃起玩心不是魯莽行事，玩法應該成熟，展現真誠，這才稱得上是玩家，不是嗎？

除此之外，被客戶總經理線的權威綁架，或許也是讓你在台下講得口沫橫飛，一拿起麥克風就說不出話來的原因。據我觀察，提案者面對客戶端最高主管時，對權威帶來的恐懼，會有兩種反應：

消極型：在總經理提問或發言時，因為害怕對方否定造成自己的尷尬，於是有可能面無表情，或是表面上在聽，其實心不在焉，回答也文不對題。

積極型：因為想爭取總經理認同，化解被否定的尷尬，反而太注重他的反應，不停互動或迎合意見，忽略了提案的本質。

很多職場的潛規則告訴我們：挑戰長官就是「大不敬」。然而，無論是消極回避或是積極迎合，都無法促成良性對話。我們身處在一個大家都能發言的提案會議室，擔任提案者的你，不但是發言人，同時也是觀眾；坐在會議桌旁的人雖然是觀眾，卻同時也是發言人。如果能理解權利、權柄、權威的演進過程，能理解提案時的客觀環境，尊重所有人的（包括自己）的發言地位，那麼在提案時，自然可以從錯誤的自我設限中解放，舞台線自然會消除，並且把你在台

下的說話實力，還原到提案中。

最猛的來了，這位「總經理權威」、公司最高尚的總經理回到家後，可能也只是被兒子大小聲的普通爸爸，他面對生活的大小事，其實和你差不多。我們的生活中，也有很多這樣的故事。權威者可能是你的爸爸、你的婆婆、你的另一伴。有很多情境會讓你覺得「最糟不過就這樣」，面對這樣的處境，為什麼不用「玩心」好好應對呢？說不定，結局會超展開啊！

找對玩伴，成功一半

說到玩，一定要有玩伴。玩伴對提案者而言是支持的力量，有時候玩伴的玩心強韌，會是提案過程中與你最有共識和共鳴的人。

這麼說吧，我先把所有參與提案的人都稱為隊友，不過組成「神豬各半」，各有分工，角色不同，任務不同，但是目標可以算相同一致。在提案現場，能幫助你消除框線、一起玩的人，都是玩伴。但怎麼「找對人」呢？不要擔心，我有解方。

很多人以為玩伴就自己公司的人，但他們「不等於自己人」，甲方的人（客戶端）也有可能是玩伴。為什麼同公司不等於是隊友？因為同公司跨單位、跨部門的同事，各有自己的角度和立場。例如行政部門的採購法務，和承攬生意的業務單位，立場就不一樣。對於法務來說，可能先求提案內容「不出錯」，這限制就可能限縮了業務發展。對銷售單位來說，提案效果擺第一，否則就無法吸睛。因為部門之間有不同立場和利益衝突，必須妥善統合。

我通常把玩伴細分成三種類型：

(1) **室友型**：各管各的、自顧風險，不要互相干擾已是萬幸。
對此類型玩伴別過分依賴，他不反對就是超額支持。
(2) **盟友型**：過程中原本立場對立，但雙方因為真心交手轉
而互相認同，在態度上支持你的，我稱為盟友 。
(3) **戰友型**：提案時願意掩護你、支持你，不論結果、不計
代價始終相挺，就是革命戰友。

室友、盟友、戰友，在提案過程中會隨時變化、隨時出現。怎
麼在提案中找出盟友級，甚至戰友級的玩伴，事前的預備工作相形
重要，這是一系列的功夫。

找玩伴前，我們先要知道「子彈從哪來」，也就是：客戶的問
題到底是什麼？

就像前面故事中，總經理用「我看不懂」表達不喜歡，如果我
們真的相信總經理看不懂而繼續說明，會有什麼下場可想而知。但
從他的表情、姿勢，和現場其他成員的神色，我就知道他其實是不
喜歡，所以才敢進一步爭取說明的機會。

在客戶提出問題當下，每一位團隊成員都覺得是為了共同目標、
為了做好這件事而發言，人人都有屬於自己的專業權威。這時候，
判斷誰是玩伴最準確，如果認為自己最專業，就該能分辨場上的張
力來源、核心問題，以及溝通阻礙到底在哪。公司內部的不協調時
常上演，越大的公司部門分得越清楚，越不容易協調。更要小心原

本該互相幫忙的團隊，變成互斥；本來是助攻的神隊友，立刻變成拆台的豬隊友。

場景拉回我和總經理「交手」的情境。隨著現場人員經由我的說明，開始重新理解提案背後的社會環境、目標消費者族群、次文化等思考過程，原本只看總經理臉色的人態度慢慢軟化，開始轉向幫我們圓場。此時我要解決的，是所有與會者的「理解」，而不是拉攏人氣，我要靠彼此回饋的語意和訊息一步一步判斷，解讀會議中的任何氣氛。有時候本來站在反對陣線的敵人，會成為盟友。如果有人明顯表態支持你，甚至是協助你進一步說明，那麼他就會變成戰友。

請記得，當提案內容被質問的時候，就是拉攏、召喚玩伴的最佳時機，因為意見分流可以幫助你判斷情勢，使用「**詰問正反合**」三步驟，更能幫助你找出風向，分辨支持和反對二方。

正：肯定意見，尋求共識
反：挑戰意見，細化差異
合：整合雙方最大公約數

如果找到戰友級玩伴，千萬別放手，他一定能在提案中幫你成就一些事。他有可能是公司內有默契的跨部門同事，提供好的資源；有可能是居間向關鍵決策者溝通的協助人，讓你明白客戶高層的想像；更有可能是客戶端「一槌定音」的重量級大咖，有權直接讓提案過關。

是的，你沒看錯，客戶端也會有戰友級玩伴。我們和客戶合作，都是為了達到共同的目的，雙方都能獲得更大利益。所以除了長期的關係經營、建立彼此的合作信任之外，提案現場依據每位與會者的神色、態度、回應，來確認並找出戰友級玩伴，更是我常常在做的事。

自己公司的人應該是玩伴，但不一定可以成為玩伴；客戶端不同立場的人不應該是玩伴，可是如果他成為盟友甚至戰友，你的提案就會非常有力。

說話的力量

找回玩心，也在場找到玩伴，我們還需要找回屬於自己獨有的能力：說話的力量。相信我，發揮說話的力量，提案場上你可以所向披靡。

一句話說得合宜，就如金蘋果在銀網子裏——箴 25：11

看著聖經、課本，或是小說散文通篇文字敘述，我們通常不容易有任何感覺，沒睡著就算是專心了。可是話語很奧妙，當我們聽牧師傳道、參加演講，或見證一場真實的告白，或聽朋友分享生活點滴，反而容易感到喜怒哀樂，情緒為此起伏，這都是話語的力量。

我不想引用宗教或學術觀點來談「話語」，我想說的是，話語的能量一直在我們的生活中，只要透過練習就可以運用在提案裡，這點非常重要。因為「說話」是一件很自然的事，不需要解釋，我

們每個人「都會說話」。

在演員的基礎訓練中，咬字、音高、語速、音量，說話時的聲音表情，都是訓練的一環，不過這些我們平常就會了。例如：吵架時語調自然高、聲音自然大，也許會臉色漲紅或氣到結巴；如果氣勢壓不過對方，可能還會加一點手勢。興奮的時候，語調會急促變快，誇張一點還會手舞足蹈。這些都是我們的溝通本能。

語境存在於人與人之間，當我們理解話語的時候，每個人至少都能掌握話語中的關鍵意旨，聽得出情緒或者弦外之音，除非我們不願意好好聆聽。

話語和錢財一樣，角色很中性，是使用者的「使用方式」造成正面或負面的力量。可是提案時，我們常把提案說的話視為神聖，所以必須專業、咬字清晰，於是上台提案就會顯得緊張。

為什麼我們會覺得，提案說的話必須「神聖」、「專業」？因為我們總認為，向客戶提案，一定要讓他們感受專業，提案才會被認可，這就是被權威與利害關係綁架。有了這層關係，會讓我們在提案時太過認為應該要表現出某種特定專業，於是開始擔心會不會說錯話，反而忽略提案中應該說什麼、做什麼。

Speaking Act，善用「話即力」

當法官宣判死刑，這個審判是一種「說」，決定了生死。情人之間的愛語帶出雙方更深的期盼，但情話有時只是虛言，未必能開

花結果。醫生宣布病人罹患癌症，接下來說的任何一句話，都可能讓病人更沒信心或燃起求生鬥志，但當下病情並沒有改變，醫生「怎麼說」，卻有著不同的差異。

我們都深信「坐而言不如起而行」（Action is louder than words）強調實際行動勝過空談。這是告誡我們不可以懶惰，以言語欺哄自己，說了這麼多卻沒有具體行動。這句話的本意並非比較話語與行動的關係，而是對人心的提醒。

我和各位朋友分享一個顛覆我對提案認知的全新觀念：Speaking Act，話即力。Speaking Act 不是以言語取代行動，而是「言語本身就是行動」。

把話語當成能量釋放和接收，先明白話語的能量可以傷人，可以安慰，可以醫治，可以帶來改變，接著才能再進一步不被提案現場的權威或關係綁架，這樣才能打破「日常語言不具力量」和「提案說話必須神聖」的框架。

如果我們重視「話即力」很多情況會開始改變。跟孩子說什麼話，造就孩子的自我認知，因為說出口的話具有力量，帶有祝福或惡意，真心管教還是任意批評，都會把話語的接受者導入我們想要的效果或情境中。

生活如此，提案也是如此。道理一通，通四海！當你認識話語的力量，你會更重視生活中的每一句話，透過說話繼而習得玩提案的訣竅。

提案要玩得好，話語傳遞的能量很重要。因為話語可以補足文字無法寫出的情緒，話語也可以傳達提案者與被提案者的立場是否一致，同時透過話語建立信任。

我常看到很多人，在台下和客戶談起案子口條順暢得很，一到真的提案時，就開始結巴或講不出話。為什麼台下超敢講，台上又不敢說呢？我覺得和能力無關，與心態有關。因為觀念正確，才會帶來正確的行動。

很多人覺得，有資格或有權威的人才能拿麥克風，才能上台，自己總是不夠格，不是個人物，不會有人聽自己講。事實上，舞台並不專屬某人，就像公園中的籃球場不是專屬某些球隊，這些「公共空間」誰都可以使用，不屬於特定人士。

年輕時我常和朋友去公園籃球場玩三對三鬥牛。球場邊總會聚集很多球友，為了上場打球自行組隊報名。球友的球技有好有壞，但只要站在場邊組隊，他們就有上場比賽的權利，沒有人能以球技阻止任何人上場。只要報名，上場後就有盡情享受比賽的權利，即使在比賽中被輾壓。有些玩家實力接近專業，球技好到常客都認識，形成一種權威，成為球場的象徵，甚至吸引一票粉絲，慕名而來觀賽。

提案者就像三對三鬥牛的玩家。在提案會議室中，每一個人都有說話的權利。一旦擔任提案者，就被賦予為專案發言的權利，你

正在執行提案這項任務，沒有人可以因為你的能力不好，阻止你上台。隨著提案次數累積，隨著在專業工作的成長，長時間的歷練與口碑自然會讓你成為權威玩家。

但是當我們錯把提案者和權威者畫上等號，很容易就會忽略我們本來就具備的說話權，以及被賦予的提案權。許多你所認為的權威者，他們在演講或提案時好像很有權威，其實他們也只是在台上做該做的工作，完成被賦予的任務。

George 教練中場示範：如何利用玩心賦予話語能力，創造新的意義？

讓我問你一個問題：「咖啡為什麼能提神？」
你回答可能是：「因為含有咖啡因，所以能提神。」
錯！咖啡之所以能提神，不是因為咖啡因，是因為打～翻～了！

有沒有一點想笑，或想對我翻白眼的衝動？如果有就對了，這就是我想要的效果。這一套問答會讓你想笑或翻白眼，是因為我們對咖啡會提神的慣性答案是「咖啡因」，而不是「打翻了」，這個答案不在你的預期之中，所以當我公布時，就會創造轉折效果，讓你產生我希望有的反應。

如果想讓「打～翻～的～」更隆重、更 surprised、更想讓人大翻白眼，那就要反覆思考「打～翻～了」跟咖啡因的關係，也可能會加強問題的引導性。

改變問法試試：「咖啡可以提神，對吧！」

那我問你，冰的有效，還是熱的有效？

「嗯，熱的嗎？」

「不是，是『打～翻～的～』」

前後對照，有感覺了嗎？這一連串的對話，目的都是引導對方到達某個情境或效果，這就是開口說的 Power Play。

目的太多，小心分散話語能量

既然話語具有指引功能，那麼能量被分散的原因，自然就是指引的方向太多，也就是想去的目的地太多。

從廣告學角度看，話語一定要單純，一句簡單的話傳達單一的想法（就是 single-minded），才能刺入人心。相反，如果想溝通的想法或目的太多，自然很難用簡單的話表達清楚，很難刺入人心，因為人的專注力有限，也不容易在短時間吸收太多分散資訊。

想法發散、話語發散，應該是提案前創意發想時的過程，這樣才能從許多想法中找到一個覺得最好的想法接續深化。但在提案時，我們必須把一個複雜的任務，轉化成一個簡單的訊息，讓觀眾在短時間內快速理解提案的主張和內容。即使解釋的過程中需要透過其他面向佐證，最終還是會回扣到提案的核心。

為什麼會有目的太多，話語失焦的問題？因為我們日常生活中沒有話即力的意識，也沒有特別訓練輕重緩急。我們常想到什麼就

說什麼，不看重優先次序。我們誤以為話講得多，比較容易理解，於是想說什麼就說什麼，不知不覺就離題了。想把焦點拉回來，早就浪費很多時間，觀眾的耐性也被消磨了。試著回想學生時期，那些很會離題的老師上課的內容，可能一堂課結束，記住的只有他講的鄉音笑話，就不難想像目的太多為什麼會分散話語的力量。

在籃球場上搶分時，可以急停跳投，可以帶球上籃，腦中運轉的路數很多，但真正執行的只能有一個。玩對戰遊戲時，有許多進攻路徑，但是實際採取的手段只能有一個。當我們為了提案蒐集想法和資訊時，可以得到很多資訊，但受限時間及人的耐性，能表達的卻非常有限。所以提案時，必須先分辨哪些是重要的，哪些應該捨棄，慢慢把目的或主張化繁為簡，與客戶溝通討論時也必須如此，才不至於偏離專案任務，或提案想傳達的價值，這樣話語才能保有力量。

從生活找回話語

恢復玩心，其實就是恢復生活的能力。如果你平常就看重話語的能量，那提案時一定也會看重。如果你在生活中懂得運用邏輯解題，能夠掌握話語的力量，那麼一定可以創造完美的提案。

提案，其實就是把你原本就會「玩」的能力恢復而已。

比如平常講話就是沒有手勢，又何必要求自己提案時一定要加手勢？真正的重點應該放在你的語意、語速、表達能力，是不是能說明完整，讓客戶理解接受。沒有手勢也是一種風格，說不定客戶

會覺得你展現出的態度很誠懇、不浮誇。

其實我們也可以透過「刻意的練習」，建立特別的習慣，恢復與生俱來的話語能力。接下來，我列出幾個可以實際在生活中操作的練習，希望協助你找回能力，重新燃起玩心。

George 教練帶你做

練習一 消除心中的舞台線

目的：

從生活出發，找出幫助你消除舞台線的經驗，降低提案恐懼。

方法：

- 找一個生活中會同時和 2 個人以上說話的場合（像是朋友的聚會、家庭會議等）。
- 設定在一定時間內講完，並達到溝通成果。例如：這場對話，要在 5 分鐘內把事情交代清楚，並獲得朋友的想法或支持，或是讓他們願意多說一些，再共同做決定。
- 多找機會練習，累積經驗，蒐集陪你練習的人慣有的思考、紀錄他們表情或反應。如果還不能整理出脈絡，表示累積的個案還不夠，請再多練習。
- 如果還不太能掌握，可以先從同時和 2 個人說話的場合開始，再升級到同時 3 人、4 人、5 人等場合，這時就具備提案的樣子了。

George 經驗談：

為什麼要找 2 個人以上的場合？因為一對一談話時，不會有框線（舞台線），先把握「玩」的感覺，不要考慮這是工作或業務，那會讓你玩不起來。生活多得是練習的機會，練習只是把生活中常遇到的場合，加入「刻意練習」的意識，給自己一個動機而已。其實生活

就是提案場，只是我們以前都不知道。

當你練習完，還要精進提案的各別專業，差別只在：你已懂得用「玩心」享受了。

練習二 找玩伴及解讀提案現場

目的：

了解台下觀眾肢體語言或表情，做為「找玩伴」或「解讀提案現場」的判斷與準備。

方法：

刻意找出 5 個人，個別觀察：

■ 在提案或上台報告，或發表意見時，他們慣用的形容詞、口頭禪、怎麼說完一件事（就是說明事情的邏輯）、手勢、身體姿勢等。

■ 生氣時的表現方式。例如：皺眉、語調、講話速度等。

■ 如何表現「愛」或「親近」？（有些人喜歡用反話表現「愛」，你能分辨嗎？）

■ 把這些觀察用文字寫下來，或私底下模仿。

■ 平常吃飯坐車，可以偷聽鄰座對話，判斷他們的關係，或是觀察其他乘客，從神情猜猜他們在想什麼。不過小心，偷聽或觀察不要被發現喔！

用上面的觀察項目觀察自己，同時記錄。

George 經驗談：

觀察這些很好玩，可以幫助你轉換觀念，建立提案基本認知。你可以發現每個人都有思想迴路，日常表現會帶出一個人的整體形象。犯罪學家就是透過這些判斷罪犯，演員就是這麼練習。如果練習久了，你應該可以累積一些對肢體語言的判讀能力。同樣的，好好觀察自己的反應，就能掌握自己在什麼狀態下最自在、最能好好說話，或是拿捏好自己的情緒反應。這些對「玩提案」會有很大幫助。

練習三 恢復提案時的話語能力

目的：

協助你將生活中本來就有的話語能力，複製貼上到提案場景中。

方法：

Step 1：找出你的強項

觀察自己在提案時，哪些事會為你加分，運用你的強項，找出安全連結，建立安全感。例如：聲音表現很突出、或數據解讀能力超強。或是個人很有娛樂感，例如：很會講順口溜。這是都是你日常熟習的玩技，好好設計加在提案中。

Step 2：找出你的障礙

通常提案者有三害：害怕、害羞、太嗨。哪些是你害怕的事，好好理解之前提到的「線」制。你害羞不敢提案，這時就要問自己，是對什麼人或事感到害羞？害羞時會有什麼反應？有一種狀態是太嗨，急著出手完全不讓觀眾參與，

完全制霸也是一害。記得追問自己「除三害」，直到找出你的核心障礙。

Step 3：強弱技術整合

例如：自己不能分心操作簡報檔案，需要請同事協助、提案時不能被打斷。如果你不擅長閱讀文字，簡報檔案就不要用太多文字，改以影片或圖像取代。如果你的語速不快，就一字一句慢慢表達想法。依據提案場合，綜合判斷你的強項要不要全部呈現。有時你的強項太搶眼，比如順口溜用太多，就可能造成反效果。

George 經驗談：

我們在提案前首先要了解的，就是自己的紅燈區與綠燈區，還有安全感的連結點。改變自己之前，要先知道自己的問題在哪裡。找問題的方法，可以從前面三個練習和觀察中演練。

其實這些都是提案前的預備，這些預備事項都在生活中，你只需要把意識打開，進入生活，就可以慢慢把本來就有的話語能力複製到提案中。

敢玩，更要懂玩

每個人身上都有太陽，主要是如何讓它發光。

——蘇格拉底

我在前兩章鼓勵各位朋友「燃起玩心」，把生活本來就具備的能力，複製、貼上在提案中。從這一章開始，就要進入玩的情境了。

進入提案這場「思想遊戲」前，我先提供「4個極點」，協助你在提案的前、中、後階段，隨時檢驗策略、內容等訊息是否有效，能不能派上用場。

管理訊息的「4大極點」

● 極點 1：「及」，訊息的抵達率

發出的訊息越精準，越能順利抵達。訊息不是發出，就一定會抵達，過程會有許多折損因素。想提高訊息抵達率，首先要檢核訊息精準度。主要指標：（A）主題表達的語意。（B）事實的解釋能力。（C）合適的敘事邏輯。

● 極點 2：「擊」，訊息的攻擊性

利用震撼性的語調、動作，句子，強化提案重點，目的是打破對方的舊想法，殲滅固有思想，提案者才能引入新的思維。就像戰爭遊戲中，攻擊炸破敵方堅若磐石的防守堡壘。如果需要改變客戶的思路，更要好好運用訊息攻擊。主要指標：（A）強化問題意識。（B）找出認知盲點。（C）用圖像刺激思考。

● 極點 3：「即」，訊息有無即時回饋

好車人人愛，因為人車合一的感覺讓人爽快，提案也是。如果提

案者反應慢半拍，如果觀眾不懂笑話和寓意，現場就少了你來我往的即時互動，彼此沒有信任。主要指標：（A）主動反問客戶。（B）彈性交錯提案順序。（C）宣布預設結論。

極點 4：「集」，訊息有無交集

如何判斷有無交集呢？主要指標：（A）花時間掃雷。提案最怕「假議題、真情緒」所有事情混在一起；當客戶高估你，你也高估自己，雙方就難有交集。（B）留時間鎖定：隨時開啟對話，以提問將自己的已知與未知、客戶團隊的已知和未知交叉檢核，就能知道雙方是否有交集。

傳達訊息時特別留意 4 個極點，當提案完成，雙方勢必能擁有共同的情緒，感受彼此思想上的交集。那麼，你就找到戰友、找到共鳴了。（恭喜你）

相反，如果 4 個極點搞不定，這場遊戲看來就玩不下去。無法傳達訊息，提案者心裡只會剩下焦急。

從提案策略方向、提案簡報製作、提案說明，以及現場問答過程中，隨時用4個極點檢測訊息的抵達率、攻擊性、即時性、交集性，提案才會越玩越順手。現在，讓我們一起踏上征途，開始玩這一場名為「提案」的思想遊戲。遊戲的起點，就從領受使命、建立任務開始。

提案的起點：使命與任務

透過無數任務累積完成的，就是使命。使命是可見、能被看到的，不是空泛的形容詞。譬如：本書的使命就是帶領大家重新認識提案、不怕上場提案。那麼，任務是什麼呢？就是可以具體實踐的行動，譬如練習、操作，累積提案的經驗。

其實使命與任務的關係在生活中隨處可見，這和「玩提案」有重要連結。因為使命與任務是提案最基本的心理原則，是提案者希望接受訊息的人「做什麼」，為何選擇跟隨、回應這個行動的根本。提案者建構強烈的動機，讓人參與行動，提案者也明白如何以回饋獎勵加深認同價值。

試舉幾個實際案例，你會更明白：

- 雲林一家「婆婆的店」自助餐，吃一餐只需要三個十元銅板。婆婆寧願賠上子女每個月給的孝親費十多萬，只為了讓弱勢學生吃飽。（婆婆的使命是讓弱勢學生吃飽。）
- 為了抵制電商在雙 11 購物節當天（11 月 11 日）掀起的書籍超低折扣戰，全台獨立書店在當天歇業一天，提醒廣大讀者：書本削價競爭最終影響的是你和我。（獨立書店的使命是維護書市機制和文化價值。）
- 以精準的鐘錶工業做為國家形象，彰顯精準價值代表文明與進步，瑞士國鐵以準點為目標。（瑞士國鐵的使命是不誤點，守護國家代表的文明與進步。）

當然，不是只有宏偉超凡的敘事才叫做使命，使命也可以日常如生活，重要的是你願意為此付出代價，才值得放手一玩。

簡單來說，使命感就是站在同一個制高點，看待某事物的價值，這份價值能引起共鳴，讓他人主動參與，這就是使命。當我們被事件中的使命感召並主動參與，這時候的任務就不再只是單純行動，而是與我們正相關、強相關，帶有心理層面的獎勵，讓我們得到肯定自己的成就感。為了得到這個成就感，我們產生了參與任務或完成使命的動機。如此一來，提案就能產生共鳴。

如果把前面三個例子套入「行動參與」和「回饋獎勵」，可能會是這樣：

- 去婆婆的店吃飯（行動參與），可以讓我的孩子學習真正的善行，讓他長大後做個好人（回饋獎勵）。
- 在雙 11 購物節歇業一天（行動參與），透過媒體報導，讓大眾明白書市經營現況，以及獨立書店經營者的堅持（回饋獎勵）。
- 成為瑞士國鐵員工，參與調度或維修工作（行動參與），讓火車不誤點，我就是國家形象的守護者（回饋獎勵）。

為了完成使命，我們必須把過程拆解成不同階段，或不同分工，在每一階段或分工中建立任務，找出具體做法。執行任務的過程總會遇到阻礙，但心中的使命感會帶著你解決問題，堅持下去：

- 為了在菜價上漲時還能端出好菜（任務），確保學生能吃飽（使命），婆婆決定多貼一點生活費採買食材（解決方法）。

- 為了抵制電商在雙 11 購物節當天掀起的書籍超低折扣戰（任務），全台獨立書店在當天歇業一天（做法，創造話題）。
- 瑞士國鐵以準時為目標（公司的任務），確保班次調度正確（分工給調度員的任務），火車必須提前兩秒發車（分工給站務員與時鐘維修員的任務）。

那麼，商業提案中的使命和任務如何相互影響，行動參與和獎勵回饋該如何設計？我用一個「威士忌提案」來說明。

也許你對「喝酒」根本沒興趣，不是固定飲用者；也許你曾因為別人酒駕而痛失親人，所以你痛恨喝酒。但你在廣告公司工作，別無選擇，必須接下酒商的行銷案。於是，你身處在沒有使命（你覺得酒是危險飲品），但有任務（因為你必須工作）的狀態。這時候怎麼辦？

很有可能，你基於對「酒是危險飲品」的認知，基於痛失親人的傷心，決定不正面訴求產品特色，而是從另一個角度重新找到符合個人認知與社會意涵的使命價值，好讓自己達成行銷任務。

1995 年起從荷蘭流行到全球的「Bob 指定代駕」很符合這個情境。於是有酒商認同，推出廣告 Campaign（活動），名為「Drink Responsible」（意思是理性飲酒，為自己負責），鼓勵消費者飲酒前，先找一位親朋好友為指定駕駛：Bob（荷蘭文 Bewust Onbeschonken Bestuurder 縮寫，恰巧三個字母是 BOB），護送大家回家，或是酒後叫計程車，杜絕酒後駕車肇事。而「Drink Responsible」就是新的使命，同時也是任務。

如果你是威士忌愛好者，威士忌讓你想起父子關係：記憶中，老爸帶你出門釣魚時，總是會偷喝威士忌，為了堵你的嘴，不讓你跟媽媽告狀，老爸會用好處收買你。威士忌等於成了美好童年的歡樂記憶，那麼你會將威士忌帶來的樂趣、信仰和價值揉合成使命，再轉化為提案的任務。

於是，你可以將威士忌與老爸帶你去過的祕境結合，把這次任務定義成：帶瓶威士忌遊祕境，創造一段美好的品酒時光。

上述這些情境可以看出，玩家願意領受遊戲中的使命、接受遊戲中的角色、建立並執行任務，都和自己的個人認知、生命經驗，以及所處的文化背景有關，唯有如此提案才會真誠，才有可能符合玩家等級的境界。

重新思考提案中所有任務，最終效果都應符合使命。面對同一個客戶，任務可能每次不同，但使命應該都要相同。同一商品打入大眾市場的任務，每次都不相同，但使命都應該相同。

我相信，單有任務而沒有使命的提案，在這個「凡事追求意義」的時代會很難生存。

任務前哨站：假想題＆假想敵

客戶發出提案邀請，或是我們主動提案之前，都會有一個設定好的目標和需求項目，這就像是一道「考題」，我們要用提案回應。

可是，我們常常上了「考場」，才發現客戶想解決的問題和我們準備好的提案有出入。但客戶的題目是假的嗎？當然不是。

很多時候，我們都是在提案現場「發現問題」，透過雙方的提問和質疑、認同或不認同，才能找出客戶真正的需求，為什麼會這樣？因為同一家公司，不同的職位，對於同樣的提案需求，會有不同的期待。董事長的看法肯定和科長、副理不同，但他們都坐在同一間會議室。這就是提案者最大的挑戰。

雖然找到問題很讚，但也有可能也沒有二次機會了。如何事前防範？這就是建立提案任務之前最重要的攻略。

我來為各位玩家介紹提案任務的前哨站：假想題＆假想敵，以及攻防練習。首先試著用以下問題找出假想題：

- 客戶原始的想法是什麼？
- 客戶是否過度自信這個想法？
- 誰做過這樣的事？
- 我們能提供的優劣勢又是如何？
- 能找出最可能及最不可能的方向嗎？
- 我們如何完成？
- 這個方向真的是前進的方向嗎？

假想題，再加上假想敵：

- 如果客戶拋開所有已知限制，發揮最大想像力，客戶會改變一開

始的想法嗎？

- 我們是誰？為什麼客戶需要我們？關於客戶期待，我們有哪些可能的未知？有誰可以滿足這樣的期待？
- 我們想成為誰？希望在這個案子中扮演什麼？決定性的角色？有誰可以帶來這樣的改變？
- 為什麼我們要改變客戶的想法？如果不是我們會是誰？
- 我們想把客戶的想法改成什麼樣？如果不改我們會後悔嗎？
- 如何邀請客戶一起改變？如何讓客戶明白改變是有意義的？

　　這些問題，包含以下確認事項：

【關於客戶】
　　■ 客戶的原始問題
　　■ 客戶目前的困境
　　■ 客戶期望的成效

【關於你】
　　■ 你擅長什麼？
　　■ 有哪些對手？
　　■ 對手有什麼優勢？會出哪些招？
　　■ 要與對手直面對決？還是玩自己最有把握的遊戲？
　　■ 要向客戶提出哪些新玩法？
　　■ 怎麼說服客戶加入我們這一局？
　　■ 進場玩？還是先放棄這局？

　　上述這些問題可以確認什麼？其實，「假想題＆假想敵」思考

中，最重要的就是：客戶和你的處境。這其中包含了大量的想像力、大量的開放性、大量的策略思考、大量的資料彙整，過癮吧？

提案前的「假想題＆假想敵」攻略練習，是形成提案共識和發現提案問題的總和，是提案前形成策略的重要思考歷程，可以釐清資訊情報的不足，決定進場的進攻策略、說服策略。

我們並沒有把自己的思維，侷限在客戶提出的需求上，而是用一種玩家挑戰的態度，脫離單獨視角，退到旁邊用第三人角度進行全方位判斷，確認你與客戶之間的距離。

有一次我接到地產開發案的比稿邀請，事前客戶慎重舉辦了說明會，鉅細靡遺介紹了商品，甚至談到集團高層的期待。

會議後，我的團隊展開應有的準備流程，將市場資訊、客戶資料，以及我們取得的二手資料彙整比對。因為案型龐大，過程中我們還多次跟客戶端窗口聯繫，確認疑點、釐清目標。

最後我們通知客戶，決定不參加此次比稿。客戶端感到訝異，甚至禮貌詢問我們，是不是窗口對商品說明不夠清楚，畢竟客戶知道我們花了很時間準備。

決定不參加的原因很簡單，就是我們誠實面對了題目，發覺客戶需要的，我們根本無法達成。你知道嗎？因為我們拒絕比稿，客戶反而安排我們和集團高層進行非合作性質的會議，他們理解我們的顧慮，也接受了我們對該案提出的回饋。雖然他們還不是我的客

戶，但我有信心很快就是了。

我要說的是，你必須知道這場遊戲中對應的窗口、執行團隊，或是商業合作內容能不能玩得起勁，或是乾脆選擇本局不玩，下次再來。意思就是，游泳玩家不是不能玩三對三鬥牛，你腦中閃過的念頭應該是什麼？以快制高？比精準？還是一定打不過，享受流汗就好？

當你用玩心看比賽，想到的不能只是制敵策略，而是就算居於劣勢，一樣能找出自己的玩法。更重要的是，因為你真的超想玩，所以也懂得挑著玩。何不把這樣的玩心植入提案中，這樣任何商業提案都能遊刃有餘。

開場 10 分鐘，邀請觀眾一起出任務

盤點好使命、任務，和客戶與你的處境，接下來，我們要在提案開場前十分鐘 ❶，邀請觀眾一起出任務。

Step1：建立前設

聆聽提案前，觀眾其實充滿焦慮和壓力，美其名是「對提案高度期待」，其實是不知道接下來會聽見、看見什麼，他們心中對提案的成效有預設的想像和期待，但這個想像和期待還沒說出來，或曾經討論過，但還沒被認可，所以很擔心提案和想像之間有落差。

❶ 一般來說，廣告公司進行一次商業提案約 60～90 分鐘，開場前 10 分鐘是破題時段。如果提案時間短於這個時長，那麼就抓提案時間的前五分之一或六分之一即可。

提案之前，必須知道客戶心中有沒有這個前設。可以透過客戶過去的成績推論，蒐集、調查相關資料，或透過私下打聽得知。提案不可能百分之百符合客戶想像，有時還必須殲滅客戶固有的思想，所以掌握客戶可能有的前設，才能全面布局提案和溝通的方式，驚喜才不會變成驚嚇。建立前設，就是要達到解除焦慮感，同時引起期待。具體應用攻略：

（Ａ）未見之事：找出客戶最該注意，卻不願免面對的問題，包裝它。
（Ｂ）新鮮觀點：你的專業當中最大的差異點，寫下來，同時放大它。

Step 2：營造情境

接下來是營造情境。第一個目標，是創造讓大家快速聚焦，可以專心聆聽、不受干擾的無障礙思考點，包括焦點帶來的心理和身體預備。

提案一開始，客戶多數尚未進入狀況，還處在前面提到的「焦慮前設」中。營造和提案主題相符的暗示，可以讓客戶快速進入任務情境。當客戶做好聆聽和接收訊息的準備，我們就能把設計過的訊息傳遞給客戶。

我建議「丟出好問題」挑戰所有參與提案的人。我想大家會問，什麼是「好問題」？其實，好問題就是挑戰，挑戰他不認同、他做不到、他不願意、他不知道的事，所以才叫挑戰。聚焦客戶在哪裡失敗或成功，往往就是好問題的關鍵線索。具體應用訣竅：

（A）利用問題聚焦，形成探索情境：**DESIRE to KNOW**，知的動能。

（B）沒人敢想的夢想與沒人敢講的困難，就是最好的問題。

Step 3：吸引力動能、抓住目光

第三步驟是整合。首先，回應客戶的前設，確認雙方對於任務的理解一致。現代人怕麻煩，在回應客戶的前設時，重覆性的說明應盡量避免，最好簡單扼要提示或暗示提案的目的。

如何展現自己的觀點？有三種典型的 Point of View（簡稱POV）型態，可以讓提案具有吸引力、更有動能，抓住客戶目光：

第一種，正面切入：

結論回應，宣告勝利，直接告訴客戶：你們的問題，我已經找到答案了。這個答案可能出自於使用者調查，可能是從客戶的前設找到的線索。後面的時間，就是用來證明這個勝利方程式是對的。一開始就宣告得勝，勢必引起大家興趣，並燃起繼續探討求知的動能。

第二種，反向切入：

挑戰客戶前設，另闢蹊徑。這種方法接近危機訴求，明白直指客戶的想像與現實有落差，有可能帶來危機，而我們的提案如何針對這個落差與危機進行反擊。揭露客戶不知道的事，也能挑起客戶的求知動能和聆聽的興趣。

● **第三種，超連結切入：**

一開始先說讓客戶以為無關的說服點，讓他們發現其中的關聯，運用聯想差異找出震撼強烈的突破點，觀眾一定會留下深刻印象，這就是超連結。

從建立前設、營造情境，到吸引力動能，透過這三個步驟，我們將逐步回應客戶可能會有的預期認知，或是瓦解可能堅持的固有想法，進而在提案中與客戶產生聯結，建構情感的共鳴。

觀察可歸納，洞察好演繹

每位提案者都想成功溝通，但也怕資訊繁雜觀眾不理解，多花時間，又怕人不耐煩，所以常常無法掌握提案節奏，或心理產生極大糾葛。

前一段談的是邀請觀眾進入任務情境的流程，接下來我們要談如何掌握節奏，把任務說清楚。利用觀察歸納，有系統表達，讓觀眾建立共同意識，感受提案的層次感。

觀察歸納、洞察演繹的基本功

看看電視新聞，一定會在在 2 分鐘、1 分半，或是 1 分鐘內完整交代一則新聞事件。內容一定會交代「人、事、時、地、物」五個具體要件，和事件的「過程與結論」。這五個要件依事件過程和結論，會有不同的排列組合——這就是觀察歸納。觀察歸納，可以從日常生活中練習。或者練習〈第二章〉的轉譯遊戲時，加入觀察

練習。我認為觀察是玩好提案的重要練習，很多人覺得找出「人、事、時、地、物」和「過程與結論」非常簡單，所以不想練習，這樣其實有點可惜。如果可以把觀察練到像直覺反應，就可以協助你盤點現狀，即時調整。

提案的結構大致如下，不論說法為何，基本上就是這些步驟：**發現問題→分析驗證→找出策略證明→行動建議。**

只知道步驟，並不等於建立節奏。時間有節奏，如何分配時間，把節奏感切出來，時間分配錯了，提案就沒有節奏。我用例子說明你會更明白。

30 分鐘報告 30 頁的 PPT，不可能平均 1 張 1 分鐘，最基本的節奏是 2 ／ 2 ／ 4 ／ 2，也就是典型的四六比。我自己最喜歡的節奏是：六四比，六成時間「歸納與發現」，然後四成利用「洞察演繹」揭露解決方案的支持點與創新價值。

也有人偏好 3 ／ 7、或 2 ／ 8，更多比例花在洞察演繹，告訴客戶為何最終方案會帶來價值改變。當然每種業態不一，商品服務各有差異，至於如何調整分配最合適？首先要知道客戶在哪個步驟最需要協助，哪個步驟你該建立優勢，而最容易失焦、最難突破的又在哪？客戶是否理解力強但想像力差？請提案者依照自己的行業別做專業判斷。

提案的每一個步驟，都要有系統地歸納說明，深入洞察演繹，才會讓觀眾感受到提案者清晰的思路，強而有力的說服力。有了這

樣的觀念，提案就會有節奏感，你一定不會想開啟檔案，劈頭就念。依照這樣的方式練習，提案肯定會越來越有 Feel ！

觀察歸納，是把「人事時地物」、「結論與過程」，全部想清楚再盤點，安排先後順序，決定提案結構與時間比例。步驟基本不變，但觀察歸納之後的演繹，才會帶出更深的發現，這就是洞察。

洞察是這個事件會引發哪些議題？引起什麼關注？這個現象背後更深的意義是什麼？帶來什麼啟示或改變？在洞察的過程中，有時也可能推論出觀眾／客戶更有興趣，或有疑問的部分，方便自己多做準備進行說服。關於洞察的練習，可參考〈第四章〉「三意變現」說明。

談到這裡，你會不會覺得任務講清楚、訊息夠精準、邏輯夠完整，就等於提案玩得好了？如果提案只強調資訊傳遞、理性說明，那直接把簡報檔案寄給客戶就好了，根本不用開會，是吧？所以提案時，我們還要注意感性的溝通，也就是提案風格。

建立風格，避免風險

風格，是讓人擁有正面聯想，建立信任與偏好的最佳方式。工作時，我們著重的是理性思考，不能、也不該被感性影響。所以大部分的產業對提案的看法很像製造業的思維。什麼意思？就是只講求資訊正確性與邏輯思考，於是養成我們在提案時不看重非資訊的表達。

哪些東西屬於非資訊表達？例如：提案簡報的色系、排版美學，語調輕重、音量大小，肢體動作、臉部表情，服裝造型、使用道具等，這些都是非資訊情報，能為提案、為團隊建立感官上的直接連結。這些非資訊情報累積起來，就能創造觀眾對提案的喜愛值，這就是提案風格。

為什麼風格在提案中很重要，因為風格涉及的是每一個人主觀的喜好認知，可以為提案創造差異性。在資訊豐沛，知識唾手可得的時代，創造差異其實很難。你能找到的，對方也找得到；你能動用的時間、技術、資金，種種理性成本，對方也可以動用。

不過，以風格創造差異化，在生活或職場很常見。像是：同一個場合報告業務進度，都是業務性質，主管們業績也相彷，A team 的某人提案就是感覺比較順，感覺提出的報告比較可信，提案不會感到冗長，而且老闆也明顯比較喜歡。發現了嗎？這都是感覺，風格和感覺就是有正相關。

那麼，風格帶來的風險是什麼？就是太過重視提案風格，反而創造太過強烈的個人效果，或是因此忽略資訊溝通、觀點表達。人是感官的動物，許多偏好都建立在感性的感受，而不是理性的說明。因此形塑風格，避免風險，關鍵在於兼顧理性與感性的平衡，注意過與不及。

明白提案使命、任務，掌握提案進程後，接下來就是選擇在這場思想遊戲中扮演的角色，了解這些角色具備的功能。

你是誰？

選擇開局角色，等於向所有參與提案的人宣告：我是誰。

「共同創作」是現今提案世界中重要的精神。在前面的章節提過，如何找到戰友級玩伴、盟友級玩伴一起玩提案，以及提案不再奉行英雄主義。

那麼，提案者到底是誰？我們可以從心態預備、自我定位和具備功能這三個面向，創造開局角色，決定你是誰。

在提案中，你是主導提案進行，凝聚共識的關鍵。所以遊戲開局之前，可以先從兩個方向預備心態：

方向一：KISS 提案

● **準備 1：Kick off 引領會議的焦點跟節奏**
提案的任務由你 kick off 開動、提案的觀點和洞察由你詮釋，當然，你已經是會議的焦點，更是 meeting controller（會議掌控者）。

● **準備 2：Integrate 整合個人之間和組織之間的歧見**
提案中想法紛呈，提案者必須高效整合歸納個人或組織中的共識，調和彼此的差異，大家才能繼續玩下去。

● **準備 3：Share 能把故事或學習歷程變成經驗分享**
面對市場變化每個人有不同感受，不同場域也能帶來不同經歷。

這些與提案相關的歷史故事、他山之石，或是自己的學習歷程，如果能轉化成經驗分享，帶著感情說出，更能增加說服力。

準備 4：Smile 永遠正面看待客戶的反應

提案次數一多，難免會遇到客戶冷場、白眼等各式反應（例如：客戶覺得你的笑話不好笑）。請接受現實，並以觀察者或學習者的口吻請教學習，或是自我解嘲。有時客戶真正的需求，能從這個反應中發掘出來。所以不要急著成為 idea 推銷員，為自己的提案辯解，這樣只會加深歧見。

方向二：掌握成人學習歷程

預備心態後，接著是掌握成人學習歷程（Model of Learning Process）的特性。

特性 1：最快的學習方式都從生活經歷而來

成人學習新事物通常有兩種方式，一是理論學習，二是經驗記憶學習。成人學習專家告訴我們，如果介紹完一個理論之後帶他玩一次，將理論轉化成生活經驗，留下深刻印象，這樣的學習效果才會又快又好。

特性 2：講求互動性與環境刺激 interaction

生活中的流行文化，一樣可以運用在提案中。像是強調個人文化的社群媒體 Twitter 跟 IG，如果提案時稍稍運用，讓觀眾有機會即時互動，自然會拉近距離。這些環境刺激，也是成人學習歷程的一環。

● 特性 3：逆問法，激發成就動機

遊戲有獎勵，有懲罰，才會激發玩家的成就動機，提案也是。透過知識補充，讓客戶產生安全感，過程中他們會更願意聆聽，互動也會更自然。提案者也可以挑戰逆問對方，判斷他們是不是真的贊成提案，或者他們另有需求。

有逆問就有順問，順問就是設計幾個簡單的提問，給予正面的回應，這就是獎勵。譬如：過去貴公司做的行銷中，您覺得最成功的是哪一個，為什麼？互動過程中，讓客戶安心說出想法，並對此表示認同，讓客戶有參與感，這就是獎勵。順問有正面鼓勵的作用。

但客戶的想法有時明顯不合理，我們也很難認同，這時也可以透過逆問的方式，慢慢讓客戶理解，導引他們往正確的方向走。逆問，是發生在提案的逆境之處、逆風之時，你必須換位思考，用更跳躍方式獲取客戶更真實的想法。記得，人們追求的成功，有時只是一種避免失敗的心態。

逆問的基礎，就是幫助客戶找出看不出的危機，不願意承認的損失，不能逃避的困境。

「總經理，我知道預算有限，講白了，真正的挑戰就是沒有預算。」

「誰說沒有預算，我可以預支明年呀！」這個結果也很好！至少逼出一點希望。

提案者多半喜歡順問，害怕逆問。一旦放過現實問題，就會錯過實踐機會。順問按著正常思路，很容易忽略。只有逆問，客戶觀眾才會停下來想，才會產生真正的攻擊。

特性 4：群體情緒會改變集體意識

企業組織或一般團體封閉會議中，提案最要注意的是，沒有人願意做決定，沒有人願意負責。於是提案會議進行到下結論的時候，客戶代表們你看我、我看你，沒有人願意開口。

一旦有人開口打破僵局，就有下結論的方向。如果這個方向和預設不同，或是走偏，可能就是無盡的災難。所以，如何在尋求團體接納之前，凝聚群體情緒，形成集體意識很重要。

具體來說，如果能及早理解客戶團隊可能有的群體意識，就在提案中盡量營造有來有往的活潑氣氛，從這些互動中找出沒寫在標單上的真正需求。語言則是調味料，提案之中要針對客戶的潛在主張，也要有勇氣提出不涉及人身攻擊的看法與意見挑戰。如此一來，提案的力道與衝擊才能展現，更能在提案中建構自己預想的結論方向，讓客戶做選擇。

提案者的自我定位，會隨著每次提案的目的、溝通的主軸、客戶對相關專業的了解而不同。簡單來說，就是每次提案時都要重新調整自己，量身訂做，看看自己適合用哪一種身分提案。

身分1：教練 Great Coach

提供戰略指導，戰術運用等大方向布局。通常教練會出現在企業各部門掌門人皆有奇想、企業自信無比高漲，兵多將廣的大型提案中。此時客戶期待的不會是驚奇多變的劇本，反而是化繁為簡，一槌定音的致勝決斷。

身分2：啦啦隊長 Cheers Leader

啦啦隊長不賣觀點，賣的是對客戶的支持，讓客戶安心，提案內容多是附和客戶的想法。通常會出現在成熟的產業，重覆性高的提案中。大多時候客戶對這類提案，沒有更多期待。如何高效處理已知流程、既定安排，可能就是他們對提案最大的期待了。再怎麼機械式的商業合作，仍需要持續熱情與細心的作業模式，提案者能為客戶加油打氣也是一種價值。

身分3：夢想家 Dreamer

顧名思義，夢想家會帶著觀眾一起做夢。無論是用挑戰、質疑、威脅或提升鼓勵等方式，只要能帶著客戶轉換原來的想法到新的層次，都能稱為夢想家。通常這種身分會出現在二種極端的型態，幾乎是光譜的二端：傳統舊經濟與新創產業。其實不必多解釋，大家都能理解夢想是來自未見的美好期待。這樣的迫切需要，存在傳統與創新二者中，敢夢、肯想，才能突破。如何具體描繪藍圖，又能實證執行可能性，就是夢想家型的提案者。

身分4：夥伴 Partner

提案過程中以協同合作的態度提醒客戶哪些可做、哪些不能做，或是反覆確認彼此想法、分工、徵詢意見。這樣的身分多半就是夥伴，不以甲乙雙方定調，更多的是像是一家人，不斷為彼此設想更好的機會。可以感受提案者願意揭露自己對未來方案的不確定，也不害怕客戶在意這樣的舉措是否會產生不信任。這就是共同協作的氣氛，有一股穩定向前的力量。

這四種身分會在不同客戶、不同提案中不停轉換。這些身分沒有排他性，同一個提案者可以在不同的提案中套用不同身分，端看你如何看待這次提案。

預備提案功能卡，提升戰鬥值

要去客戶公司提案了，你能在提案中發揮哪些功能？你有什麼特殊功能卡？只帶一張？兩張？還是多帶幾張備用？

我把提案者可以發揮的功能整理成四張卡，分別代表觀眾的期望與提案者的能力。在提案中前三張功能卡，你可以專挑一張研究，也可以全部壓上；當你的業界地位與經驗廣受認可時，第四張卡自然修煉有成。如果可以，最好四張具備。

卡號1：問題解決卡

- 觀眾利益：DO，獲取行動解答
- 功能：洞悉難題，直球對決
- 技能：抓到核心問題，擁有具體解決方案
- 戰鬥指數：60 ～ 85
- 適用情境：清楚知道客戶的需求及困境，對於自己的解決方案很有把握
- 使用警語：一旦解錯題就再難挽回，解答不夠力也是 GG

卡號2：價值傳達卡

- 觀眾利益：Know，建立價值認同
- 功能：找到其他需要，轉換利益貢獻
- 技能：側翼進攻，強調提案觀點
- 戰鬥指數：60 ～ 85
- 適用情境：找出客戶投射的形象符號，與價值認同
- 使用警語：必須洞察客戶，才能產生對位價值

卡號3：先知探索卡

- 觀眾利益：Believe，啟發探索
- 功能：帶領人見到未知領域，鼓勵創見
- 技能：對未來的想像力、擁有比別人更多的專業消息
- 戰鬥指數：60 ～ 85
- 適用情境：找出客戶未知的問題，看到創新（新市場、新想像）的可能
- 使用警語：需要以對方不知道的專業輔助

卡號4：大神卡

- 觀眾利益：Act，粉絲信仰傳人
- 功能：吉祥物、大神絕對保證
- 技能：極致的專業地位，四方主動朝拜
- 戰鬥指數：0 或 100
- 適用情境：需要震懾高階魔王、化解重大危機時
- 使用警語：僅能在緊急關頭使用，一旦使出，觀眾只有跟隨與走人兩種選擇。就是神人與神經病之隔，不能頻繁使用。

功能，是你的選擇

我們來做個練習，當房屋仲介遇上這四張卡片，會出現什麼提案效果？假設有一位買家，購屋需求是：周圍有學校、公園，交通便利，至少30坪，3年新古屋，希望售價在800萬左右。

如果使出 問題解決卡 ，仲介搖身變成問題解決者，他可能會和買家說：這樣的條件在市中心找不到符合的物件，除非是……非蛋黃區。如果買家不喜歡，他還是會依條件繼續尋找，但機會渺茫。

若是用了 價值傳達卡 ，成為價值傳達者，可能他與買家會這麼對話：您要準備結婚了，每天加班都沒有休息，假日您也不想出門吧？新市鎮這個物件符合您的條件，雖不在蛋黃區，但住起來也舒

服，開了窗就有風景，生活機能也方便……其實您拼命工作就是希望能換來一些生活感受，當然市區方便上班是肯定的，但是非上班的時候，離城的感覺就會很明顯。坦白講，就算假日加班，這裡的綠意環境也還是舒適啊！買家開的條件市區一定沒有，所以轉而訴求居住價值。

若是仲介使出 先知探索卡 ，熟知新市鎮未來發展，這時他可能會和買家這麼說：您知道捷運要延伸過來嗎？國家針對這裡的規劃是什麼？這一帶已經快要發展起來了，房屋升值會很快，現在買，5年後說不定就賺到 3 倍年薪，那時想買回市中心也可以。新市鎮的距離可能是您重返蛋黃區的最快距離！以他自己的專業，提供買家除了居住品質之外的投資想像，讓買家接受在市郊置產。

如果有資格使出 大神卡 ，這位仲介可就不是一般仲介，他的業界地位已經到了神級。或許他只需告訴買家：我經手的物件都是億元起跳，800 萬左右的物件市場肯定有，我不太熟悉要請團隊幫忙尋找一下，我介紹一位同事給您，您就說是我介紹的，他一定會幫您找到想要的物件，宜投資、宜自住，宜轉換，盡量交代。坦白講，客戶應該知難而退，或是真的識貨趕緊要求聽取意見，不管哪一情況，都起了行動推展的提案作用。

再換個練習，若是運用在牛奶廣告上，這四張卡會如何影響提案？你可以試著練習看看。

◎ 牛奶＋問題解決卡
▶ 牛奶營養價值豐富，讓人長高變壯。

- 牛奶＋價值傳達卡
  ▶ 貧窮的童年沒有辦法喝上一杯牛奶，因此立志讓自己的孩子能每天一杯牛奶，好好成長。
- 牛奶＋先知探索卡
  ▶ 以「首位諾貝爾化學獎得主曾是位牛奶外送員」這段故事，串起牛奶和頂尖科學家之間的聯結，塑造牛奶的「學術地位」。
- 牛奶＋大神卡
  ▶ 把「喝牛奶」這件事，從普通的居家行為直接拉到「很酷」的地位。例如美國《got milk?》系列廣告，除了邀請當紅明星拍「牛奶鬍」宣傳海報之外，電視廣告中更強調：「想改變未來，只要喝牛奶就好了」。

　　這四張功能卡可以視提案任務決定使用，必要時也可以全部用上。交互運用之下，你的提案層次會更豐富，客戶對你的喜愛值也會提升。

直面魔王，來玩吧！

　　玩提案就是在遊戲中學習，能不能沒有魔王？我覺得不能。沒有魔王，就沒有挑戰性，那會是一場缺乏學習動能、缺乏毅力的遊戲。接著我們談談：什麼是魔王？

　　魔王可能是一個人，可能是一件懸而未決的難題，可能是當下不得不回應的社會情緒，也是和客戶合作中最難的挑戰。面對魔王級關卡，將對提案造成決定性的影響，身為提案者的你，必須做好萬全應對。

第1號魔王：不動魔王

外表特徵：話少沒表情，沒有任何感覺。你的威脅、恐嚇、進攻對他來說都沒用。其實他不是人，而是僵硬的公司制度、或是保守的企業文化。

行為特色：雖不具位格，但具有決定權，會影響會議中的所有決策可能。

應對方式：

1. 建議提案者利用先知探索卡，加上夢想家的角色交叉作戰。
2. 持續衝撞，反覆順問加逆問。
3. 當你也變成這樣的魔王，和他一樣沒感覺。你們同一國搞不好就可以對話，只是我不確定這樣的生意能走多遠 。

這種魔王真的有，有些客戶高層，有能力有想法，但在會議中他不表達也不做決定；開會的結論就是：再看看。沒有結論的會議，我無法忍受，但不適合在會議中一直追問。我總是希望自己能戰到最後的那一天，但很多時候都未果。

接下來第2號魔王，感覺比較有感覺 但其實也沒有那麼好應對。

第2號魔王：鷹眼魔王

- 外表特徵：意見很多，眼睛像鷹一樣看出很多細節問題。
- 行為特色：挑剔的事雖有道理，但都不是重點。
- 應對方式：
  1. 用最大公約數回應。
  2. 謙卑示弱。

想針對這種魔王提的意見一一說服，一一回應，不太可能；而且就算依他的意見修改了，一樣沒辦法過關，因為你根本改不完，而且改與不改，對案子一點影響也沒有。面對鷹眼魔王，我會這麼回應：

我：協理，謝謝指教。您回饋的意見 80% 正確，但關鍵的 20% 您最強調的部分我們做不到。

他：（口氣不佳）怎麼可能做不到？代理商就是要做這些事啊！

我：你說的這些真的是關鍵，不是我們的專長，硬是答應我們怕做不到您的期望。（先示弱）

他：（口氣不佳，但留有一線期盼）那你們可以做什麼？（Bingo～回到正軌討論）換我開條件了……

在態度上直接示弱，協助我們把討論的範圍縮小，也讓會議更具焦。

- 外表特徵：拿著計算機，看誰的報價最便宜。
- 行為特色：完全不在乎提案內容，只問價格或優惠。
- 應對方式：拚不過最優惠就不拚。

撿便宜魔王很常見，很多講究 CP 值、KPI 的單位，或是把提案當作一般採購辦理的企業，多半有撿便宜魔王。這時候跟著拚價格，搞不好還是拚不過，反而讓對方輕忽自己的價值。所以，拚不過就別拚了。

我沒有其他建議，因為這種客戶已是業界常態，已發展出各式對應解套機制，端看你對公司業務定位，及提案對象的屬性來判斷（在此先祝福大家）。

第 4 位魔王，是從招商邀標階段就化身成魔王了，我稱為：文不對題魔王。

第4號魔王：文不對題魔王

- 外表特徵：
  1. 魔王看起來很專業很認真。
  2. 會議現場還有屬性不一的公司來比稿。

- 行為特色：
  1. 拿著不同公司的提案企劃比來比去。
  2. 不太尊重提案者。
- 應對方式：大神上身。

和各位分享我的經驗：一個品牌行銷案，同時邀請廣告代理商、活動公司和媒體比稿。

客戶說：你們提的執行活動不錯啦，不過剛才三家活動公司報價比你們便宜；你們的媒體資源看起來也行，不過我等等會聽某個媒體的提案，再來看看會有什麼差別。

如果一開始就知道文不對題，我就不玩了。可是已經入局，還是得玩到結束。於是我決定使用大神卡，大神上身，來場震撼教育。

我說：我們犯了一個很嚴重的錯誤，我們不應該來比稿。這家媒體是我們宣傳的夥伴；活動公司是我們的外包，通常是我們規劃好策略，由他們執行。

我不是說，他們沒有資源，沒有品牌想法，但您說活動公司的 idea，我的製作人可以做這件事；您說的媒體接觸，我的媒體總監可以做這些事，他們會要求購買條件和活動創意。而我們公司真正的專業在品牌策略。

您剛才會這麼回我，代表有兩種可能：一、這次提案目標設定錯了，其實您不需要品牌諮詢服務；二、題目沒錯就是品牌，但您希望由三家不同屬性的公司提供提案建議。我們可以從哪裡開始？看來不管那一種可能，我們好像都得結束今天的提案。還是您透過剛才的說明，確認真正的比稿題目再召開？如果是這樣，我可以幫您介紹。或者您單純想要的是媒體傳播，我也可以介紹幾家媒體，這樣貴公司才會得到真正需要的服務。

最後，我再送上名片。我要讓他知道：我是大神！不管他認不認為，我就是大神。在行業上的專業認識有相當的差異，那我肯定就是大神。

當你入了一場不該入局的遊戲，你真正的考慮是什麼？人在壓力下做決定，才會看出決定是否有價值。我的建議要小心服用，我希望提案能帶來創意產業應有的文化水平，應有的專業堅持，不要忘了使命和任務。

小鬼一樣很嚇人

提案征途除了魔王擋道之外，有些橫空出世的小鬼，也能影響遊戲勝敗。

第一種是沒經驗的承辦人。因為沒經驗，所以問很多，或是狀況外。有經驗的提案者能在無形中成為他的業師。

第二種是空降高位的二代領導人，他可能根本不想理會這個案子，或是對此一知半解，給了不相關的意見。但提案者還是要受理，還要用耐心化解一切。

　　最後一種是……自己人。因為得意忘形亂說話，給自己的團隊帶來麻煩。譬如，提案會議告一段落，雙方握手預祝合作愉快：

● 這時團隊有人一時嘴快，開心與客戶暢談想找某位更知名的導演執行，客戶一聽立刻定案，於是執行成本暴增。
● 團隊有人多嘴提了一位不在名單的代言人選，但這位人選私下支持的是與本案所屬部門最高領導人站在派系對立面的另一高層。提案因此莫名停擺，還引來客戶端執行團隊內部風暴。

　　所以會議後的交流還是要謹慎，儘量不要節外生枝。

George 教練經驗談

一場提案少則 10 分鐘，多則一小時到 90 分鐘。如果提案前能擬好攻略，選定開局角色，挑選功能，並在前五分之一的開場時段，透過任務建立、風格創造，觀點陳述，拉近客戶與你的距離，讓客戶品味提案的關鍵重點，引起他的興趣，提案已經成功大半了。

魔王是提案中一定會遇到的阻礙，他可能是企業的負責人、最高主管、最高權力核心中的核心。他頂著王冠、是員工眼中的大神，但對提案者來說，他就是大魔王。差別在立場不同，用玩心和真誠與魔王相處，說不定魔王會變身，但坦白說，機會不大。沒關係！打不贏，那就跑啊！留得青山在，不怕沒得玩！

如臨其境，說好故事

「有時候真實比小說更荒誕，因為虛構會在一定邏輯下進行，
而現實常常毫無邏輯可言。」

——馬克吐溫（Mark Twain）

我兒子從小就很會說服人，但他多半不直接說，而喜歡旁敲側擊告訴我，「想要什麼」。

　　2006 年我們去日本玩，那時他才四歲，講起話來呆萌呆萌的，發音也不太標準。他看到一包「暴君極辣洋芋圈」，轉頭跟我說：「把拔～，你看這個東西超～辣～的，辣得和魔鬼一樣，吃了以後就會變魔鬼了。」

　　四歲小孩，認識的字沒幾個，怎麼可能懂「暴君」是什麼？所以我反問他：「你怎麼知道這是辣的？」他直覺好玩，刻意笑笑回我：「你看，他辣得臉～都紅了，像辣椒魔鬼一樣，這麼辣～。」

　　我喜歡吃辣，聽了當然買單啊！於是我跟兒子說：「這個太棒了！我喜歡吃辣，你怎麼知道把拔喜歡吃辣？」然後，我看他半試探地指著包裝外面的小玩具說：「那個？它送的是什麼呀？」我中計了，兒子看上的果然是旁邊附贈的玩具，根本不是這包零嘴。

　　一個超辣的零嘴利用有趣的外包裝向消費者提案，讓一個四歲小孩向他老爸說了一個「辣椒魔鬼」的故事，再遇上一位寵愛獨子的嗜辣老爸，兒子的提案怎麼會不成功呢？

　　我要說的是，其實「說故事」提案，就是這麼簡單。

　　我們總以為人類是極端理性的動物。不，完全相反，人類其實很感性，天生喜歡聽故事。用「說故事」提案，更能掌握節奏、氣氛，讓客戶有想像空間，進入情境感同身受，這就會是一個好提案。

但是，故事行銷如何和現代產生作用、呼應或聯結，如何改變我們對提案的既定認知？正式進入故事的「架構」之前，我先介紹幾個提案者必須知道的「障礙」，在「說故事」時可以小心避開，也讓故事更有時代感，為提案者增加好感值，同時在別人心中留下深刻印象。

壞故事 6 大障礙

提案過程總會遇到困難，常常令人沮喪。就故事提案來說，故事聽起來「很假」、老調重彈，講膩了怎麼辦？也有些故事真的很難懂、很複雜，和提案本身難有連結，甚至過於牽強。如何提升故事提案力？我列出以下幾個常見的障礙，帶你一一克服。

障礙1：你說的，我不懂

實證案例、故事本身都不難理解，為什麼客戶還是覺得聽不懂呢？你的故事出了什麼問題？

「聽不懂」和「不想聽」是兩種獨立的情境，但在提案中彼此一定互有關聯。回想一下，提案者企圖用故事提案把你已經搞懂，但不想接受的事再次說服。你聽不懂，是不懂故事寓意指向何方，而非真的不懂。

如果觀眾基於禮貌裝懂，提案者搞不好還覺得提案順利，反而不知道提案出了什麼問題。

就我觀察，客戶聽不懂之處，大部分集中在故事提案的三個節點：一開場、前段轉中段、說明執行方案及預期效果時，以及中段轉結論、找出執行共識時。

其中開場的挑戰最大。如果一開場不能先丟出一個 View，交代「最大公約數」，也就是提案目的、基本背景資訊、客戶最 Concern 的期待，以及為什麼提案者可以協助完成等基本描述，讓客戶認識大方向自行對位，他們可能就沒有興趣，也沒有耐性聽完提案。

我習慣在準備提案前，再次和客戶確認提案主題，一開場先把大邏輯說清楚。這個基本溝通技巧，除了很快建立「談什麼」這個大方向，同時也能建立「為什麼你來提案」，這代表你和團隊，與這次提案的關聯性。

玩提案的時候，你代表一個品牌、一家公司，或是你支持的民間組織，就像玩 RPG 遊戲時，你進入選定扮演的角色中，但你也是「本人」在玩這個遊戲，不可能在「靈肉分離」的狀態下 Play Game。所以客戶聽不懂提案的根本原因，就是你或你代表的團隊沒有和提案產生關聯，因此提案不會有任何意義，客戶當然「聽不懂」。

如果你去拜訪客戶，故事案例與提案舉證和拜訪對象的產業屬性差異很大，客戶心裡一定會覺得：「拿一些我沒辦法想像的例子來，這個人到底在幹嘛？為什麼我要浪費時間聽？」於是，你不會再有提案的機會了（也可能列入黑名單）。

別怕，我來幫你排除障礙，你可以試著：

- **找出真正相關的故事連結**：利用故事提案建立你與提案的關聯，你代表的團隊江湖地位如何，特色和專長是什麼，有沒有特別的理念，為什麼有能力完成客戶託付。如果還想加一點知識好感度，可以稍微使用一些，但記得不要加太多。

- **化繁為簡，直指重點**：先條列故事開場或中後段轉折，你想說明的故事重點項目。記得故事提案最終要完成的說服點、有什麼結論、找出擬定的策略等等。這麼一來即使照稿唸，開場時仍可以架構故事提案的大方向。不想照稿唸，可以試著把答案蓋起來，用自己的話多說幾遍，腦袋會幫你找到最好的說明層次。

障礙2：故事主題缺乏動機

當提案者的動機不夠真實，說再多觀眾也不在乎。這個障礙除了台上的提案者有，一般業務人員也會有。很多提案者或業務人員接受的養成訓練，就是要滔滔不絕地說，用「一直說」保持「不冷場」，就算對方拒絕，還是可以繞回來，繼續把銷售話術重講一遍，但完全沒有說服成效。我用「語速高速空轉」來形容這個情境。

我想我們都遇過這種狀況：逛街買一雙鞋，拿著鞋研究半天，對皮革是羊皮還是牛皮有些疑問，價格也實在讓人無法下手。

這時店員走上前攀談、瞎扯，想用話術逼你買單。他可能會說：「業界很少人投入純牛皮手工製鞋，我們這雙鞋突破幾道工序、專

利樘頭有幾個透氣孔，如何取得競爭者都不願高價付出的鞋墊、創新材質等等……你買這雙鞋，絕對物超所值，賺到了！」他就是不直接了當說，這雙不是牛皮，也沒有試著問你的需求，介紹另一雙或許更符合需求的商品給你。

為什麼店員一直保持語速高速運轉？有可能是這幾個原因：

- 因為店員無法回答到底是哪種皮革，而且不知道接下來該說什麼，只好一直重覆同樣的話。
- 主管就是這麼教育他，當顧客拒絕的時候就是要多說、多說服，卻沒教他怎麼找到顧客的真正需求。
- 店員真心覺得這些話術可以說服你，可以表現他的熱情、專業和堅持，他也不怕你拒絕。

遇到這樣的店員，我猜你應該立馬走人了，對吧？如果把「語速高度空轉」複製到提案場，客戶會有什麼反應？可能是冷眼看你表演，可能是眼神慢慢放空，可能是直接喊停結束會議。提案這場思想遊戲，就會在你一直空轉的語速中提前結束。

客戶其實很務實，他們知道如何分辨「想要」和「不要」。基於禮貌，他們不會當面挑戰你的不懂而裝懂，因為他們不想浪費時間。如果這時候你還覺得能舌戰群雄，讓所有人都被你說服，我只能說：「**光憑著三寸不爛之舌與熱情，提案是不會成功的。**」因為當你這麼做，等於決定不理會客戶的需求、不想和客戶進行雙向溝通，客戶當然不想和你合作。

消除這個障礙，方法很簡單，就是：**不要一直講，不要一直想著說服對方**。要停下來，聽客戶說什麼，給客戶說話的機會，也給自己找到客戶需求的機會。

障礙3：跟故事無關的提問

走進提案場前，你一定會沙盤推演可能被問到的問題，但總會遇到不在預期範圍內的問題，它有點奇怪、會與你精心設計的提案策略毫不相關，有時甚至還令人惱怒。我稱這是「防不勝防的問題」。

為什麼會有這些防不勝防的問題？我想先從客戶端面對提案時的心理解釋。

提案，是一場思想遊戲，贏得勝利的指標是：成功改變客戶的想法。如果你期待客戶在提案結束後，立刻改變原有想法，喜歡或接受提案，那麼你未免有些天真。因為說服客戶接受新建議時，對方會先產生防衛心，有可能是預設你的建議「另有所圖」，或這些建議試圖挑戰他們長久的習慣或既有認知，客戶不想被你改變。

於是一些無傷大雅，但千奇百怪的問題就出現了。這些「防不勝防的問題」，是客戶被改變之前，一定會有的掙扎。為了讓客戶放棄掙扎接受改變，創造一個氣氛正向的溝通環境，適時控制自己對問題的反應和情緒，顯得格外重要。

所以，學會應對防不勝防問題的第一步，就是控制自己千分之

一秒的反應。大腦的運作相當快，人說出一句話可能只要 5 秒，但短短 5 秒，閃過的念頭可能不下 50 個。和客戶眼神交會的時間可能只有 1 秒，但這 1 秒，會讓你心中的小宇宙大爆發：

> 現在是怎樣？課長就是不喜歡這套！剛剛提第二個建議時，我就知道他不見得買單。太花錢了，但他就是又要馬兒好，又要馬兒不吃草，真是夠了！（心中的 OS）

能把心中所想反應在表情上嗎？當然不能！畢竟課長還沒提出問題。所以對你來說，能做的是先轉移目光，不要一直盯著他看。生活中或工作中有很多類似的情境，能幫助你練習控制千分之一秒的反應。

接下來要練習的，是與客戶「同步痛苦，同理真實」。

在行銷領域待久了，一定會遇到客戶縮減預算。以前窗口掌握的預算是 600 萬，但今年只剩 60 萬；當你依過去的經驗提了 600 萬的規格，他可能會一臉不好意思地回覆你：「你們的提案真的很好，但我們今年只有 60 萬預算。」

窗口痛苦嗎？很痛苦，因為他知道市場行情，知道要花多少預算才能創造一個有效的行銷案。他想不想再爭取多一些？想，但他能不能爭取？不能。他也不願意，他的痛苦情緒是真實的。雖然你不一定能理解為什麼不能多爭取預算的原因，但他已經鼓起勇氣說了，這時候，提案者就需要「感同身受」他的痛苦。

「同理真實」則是真的把窗口的痛苦放進腦裡、心裡，好好想一遍，想想怎麼和窗口站同一陣線，一起解決，這也是一種訓練。

在訓練之後，或許你會回：「我知道你很痛苦，我也很想說Yes，但是我說 Yes 之後，痛苦的就是我，我有可能會被主管罵到臭頭。那我們來想想，怎麼樣可以讓我們都不要這麼痛苦。」

在這個過程中，你有試著貼近窗口的痛苦，也讓窗口明白你的痛苦，於是兩個痛苦的人仍然保持在正向溝通，一起想辦法面對問題。

當你有了「客戶正在掙扎」的心理預期，能控制自己的千分之一秒反應，並且能與客戶「同步痛苦，同理真實」，回來再看待這些「防不勝防的問題」，自然就能接受這些奇怪的問題，並創造一個能推進討論的正向氣氛，用適當的情緒應對，甚至來個有趣的反擊。

記得有一次我們去爭取地方政府舉辦運動會的宣傳服務案。提案完畢後的問答時間，有一位評審直言：「電視廣告腳本，我覺得太不合理！」

當下我的第一個想法是，有點嚴重，要快點問清楚。於是我問：「請問很不合理，是哪個地方不合理？」

評審：「那個腳本啊，一出火車那個旅客拖著名牌行李箱，不合理啊！有人來我們這裡會拿用拖的、有輪子的箱子嗎！」

當然，我心中的小宇宙開始爆發：這支影片的重點不是在講行李箱，而是在說很多人來到了這裡……。但慶幸的是，我用眼角餘光瞄了在座其他長官和評審，沒有人提出任何質疑。所以，還是有人和我看法一樣，我很放心。（我控制了自己千分之一秒的反應。）

有感覺了嗎？這類防不勝防的問題，通常都在你覺得故事提案非常完美，自己彷彿飛上天、握有主控權之後。然後，客戶真實掙扎、抗拒改變時，冷不防丟了一個問題，把你拉回地面。

這時候，給他們一點時間，用正向的氣氛，與客戶共同決定，協助他們度過掙扎期，如此你離成功提案，又會邁進一步。

障礙4：準備再完美，都有不想被人發現的緊張

緊張是多數人提案時會有的心情。不過提案現場，有些人比你還緊張，甚至是焦慮。這些人多半是客戶端的專案承辦團隊，也有可能是急於想解決目前品牌或銷售困境的決策者。

客戶端承辦團隊的焦慮可能是：「我不知道會聽到什麼。然後老闆又說，很看重這個會議。這次比稿，這些廠商都是我找的……。最好大家都提好一點，不要讓老闆聽到一半走人，不然我就死定了。」於是你的緊張牽動的，就是客戶承辦窗口的焦慮。

為什麼提案時會緊張？很簡單啊，因為你怕拿不到案子。有些人是擔心自己的提案經驗不足，怕沒說明清楚，拿不到客戶的預算。有些人明明有萬全準備，提案內容相當豐富，卻還是會緊張，那就

是因為「太過擔心」自己辦不到。

心情上帶著些許緊張，確實可以強化提案時的專注力，但太過緊張，甚至出現不必要的焦慮，反而會害人表現失常。想消除不想被人發現的緊張，我覺得只能直接面對緊張來源：害怕得不到。**我們要學習的是「習慣得不到」。**

這時候，一定有人舉手發問：「George，我們去提案，就是想拿到案子啊，要我們『習慣得不到』是什麼意思？是要我們不要拿到提案嗎？這樣怎麼行！」

嗯，好問題，我用運動員為例來說明。我們看看四大網球公開賽的明星球員，每一位都是從輸球中學會怎麼贏球。從小打網球打到大，「輸球」對他們來說是日常，他們不會因為輸一場球，日子就過不下去，因為他們習慣了。但這種習慣並不妨礙求勝心，反而能讓心情從「輸球」模式，隨時切換成「生活照常」模式。這就是我說的「習慣得不到」。

習慣得不到，不是真的要你得不到，而是希望你在生活中習慣這個可能性，練熟模式切換，才不會在提案時少了心情上的緩衝，變得太緊張。那麼，要怎麼熟練切換成「習慣得不到」模式呢？我們可以從生活上的小事開始練習。

你想吃的餐點賣完了，你的反應是？

A：什麼！我今天超想吃這個，為什麼賣完了！（心中崩

潰大叫）

B：運氣不好，換另一個好了。（心裡失落，但一下就好了）

C：好吧，誰叫我來太晚。試試沒吃過的好了，說不定也不錯。（心中坦然接受）

如果你的選項是C，代表你已經建立了模式切換的基本型，而且你會用「說不定沒吃過的也不錯」自我暗示，讓自己的失落感快速切換。

例如一群朋友吃飯閒聊，當大家聊得正起勁，你突然潑冷水說：「我完全不同意。」當大家詫異還沒回神時，你再補一句：「我開玩笑的。」這句「開玩笑的」就是心理暗示切換鍵，按下去之後解除了可能會出現的僵局，切回日常搞笑模式。頂多被朋友罵兩句：「你嚇人啊！」

又或者，你可以找一個半點機會也沒有的場合體會看看。在預設得不到的前提下，講話會不會更有自信。例如任務分配會議中，你搶著爭取某個一向會分配給別人的任務，你也打算如果不小心爭取到了，就和主管講：「我是開玩笑的」；那你在爭取時一定會超有自信，因為你隨時準備告訴對方「我是開玩笑的」。

這些練習，就像運動員習慣輸球的成長過程一樣，讓你習慣得不到之後的心情切換。我們想想看，生活中哪些事會讓你有得不到的失落感？而你又是靠哪句話切換心情？再把這個感覺套入提案中。

或者乾脆直接為自己設定一個切換鍵，在準備開始提案時催眠自己：這麼好的提案如果沒成功，我可以留下一些精華賣給別人；或是暗示自己：我今天一定不會遇到奇怪的提問……，哈哈，開玩笑的，怎麼可能！

常常練習模式切換，對提案的得失心與緊張感自然會降低。換個角度想，你的緊張一定要藏起來嗎？讓別人發現你緊張又怎樣？坦白告訴自己和別人：我就是緊張，說不定能爭取一些同情分數呢！

障礙5：腦比心快，心比舌快

「腦比心快，心比舌快」，是指思考比感受快，感受又比表達快。腦、心、口三部位彼此有時間差。

大腦可以同時整合多方資訊，但高速整合時，表達力通常還在 Stand by，準備把整合好的訊息說出來。我稱這種狀況叫「資訊的速差」。在資訊速差之下，可能會產生兩種情況：

第一種：你不確定觀眾能吸收多少，於是你說的，會少於你想的。觀眾不免疑惑：你講的只有這樣？能不能多講一些？

第二種：你一直說、一直說，但說的資訊過於複雜或太多，超過觀眾能吸收或理解的範圍，結果觀眾還是聽不懂。

資訊速差帶來的模糊空間，會讓提案者無法判斷要說多少。另外，情緒感受也很重要。情緒感受的強弱非常個人化，我感受的難

過、痛苦和寂寞，不見得你能感受到。一個人的難過、痛苦和寂寞，不見得是群體的難過、痛苦和寂寞。

但在提案時，往往是一位主要提案者同時面對一群客戶團隊，必須讓客戶團隊產生想要的情緒，可能是感動、可能是大笑。也就是說，提案者的帶動和整體氣氛營造很重要，如果你自己哈哈大笑，但別人感受不到笑點，現場一定很尷尬。

好的故事提案者，是腦、心、口三位一體，完全整合。同一時間，能同步判斷說出哪些資訊，同步感受現場、帶動所有人情緒，更能同步用最適合的語言表達。說不清楚與說太多，煽情誇張與毫無感情，都是我們常遇到的提案障礙。

那麼，如何訓練腦、心、口三位一體呢？

- **Step 1**：先找一篇字數大約 200 字的散文或新聞。如果不想找，用本書的案例故事練習也可以。
- **Step 2**：閱讀文章之後，花 2 分鐘快速整理心得，大聲說出來。請記得，這是你的心得，不是朗讀文章，所以要用自己的話說。
- **Step 3 ～ 5**：同樣的心得，反覆用不同的情緒說出來。例如：第一次是開心，第二次是悲傷，第三次是憤怒……。

幾次練習後你會發現，同樣的閱讀心得，會因為情緒表達不同，讓你產生不同想法、不同感受。因為當我們這樣說話時，會進入「思想同步」。在這個訓練下，你可以一邊創作、一邊組合內容、一邊說、一邊感受，這個感受又會刺激你的想法，於是你又能回到二次創作的循環中。

或許會有人問：為什麼不能直接朗誦文章或新聞？因為朗讀時，大腦不會重組思考。一定要讀完，想一想文章說什麼，才能讓大腦開始創作，重組情緒和表達內容。

「腦比心快，心比口快」原本是一種限制，如果控制得好，就會成為加分項目。你的大腦會一直提供想法，舌頭不會打結，心境也能順應自己的想法。

這個訓練更可以協助你，不用等到問答時間，直接從客戶表情或肢體語言，判斷他們懂不懂，需不需要放慢說明速度。放慢說明速度後，可能你會覺得這樣的語速有沉穩安定的氣氛，於是刺激大腦連結到某個適合的經驗，接下來你又有新的說明題材了。

常常有客戶回覆我：「哇！George 你的反應好快哦！到底是怎麼準備這些笑話的？」其實有很多笑話或反應，是提案時就地取材。例如前面談到的地方運動會宣傳案例，不太可能事先預期，竟有評審對行李箱有意見。頂多可能猜測會有評審希望以觀光為主。

我建議大家試著多練習腦、口、心三位一體，長期訓練下來，不僅故事能說得好，對提案現場的解讀和反應，肯定會更厲害。

障礙6：最怕答非所問

你會「答非所問」，如果不是故意，那就是沒聽懂客戶提問。為什麼你會不懂客戶的問題？

可能的第一個原因，**是你過度自信，覺得自己是專家**。然而在網路抹平知識高牆的世界中，已經沒有絕對的專家。以前一談到行銷廣告，廣告公司可以稱得上是專家，但是現在每一個人都說自己會做廣告，有時候電商要的只是點擊率，不一定需要廣告代理商協助品牌策略。

這說明太過依賴經驗，就越容易出錯。客戶出題時，出於自信不願傾聽，你就會誤判情勢。

第二個原因是，**預設立場太過鮮明、太本位主義**。所以提案者下意識排除了對方的弦外之音，可能只顧著守住成本及利潤，或不想讓執行過程橫生枝節，反而沒有理解，其實客戶已默默開啟後門，暗示不需要現在回覆。客戶或許只是希望調整出一個雙方都滿意的答案。或是客戶的非常理要求，反而給提案者討價還價的機會。

有一次和客戶開完會後，基於跑簽呈的時間壓力，客戶希望明天交件。負責這個客戶的團隊，每個人當場都是「怎麼可能」的表情。於是我說：「明天？太慢了吧？這麼急的東西，應該是昨天就要交吧？怎麼會是明天？」

客戶被我虧，有點不好意思。所以我接著說：「好，既然我們多一天，讓我想想怎麼可以做到。第一，不要做那麼多？第二，你做一點，我做一點？第三，我們假裝沒聽到這件事。」這是一個非常理的作業時間，因此我有了一點談判空間，專案在彼此妥協下，才能往前推進。

怎麼消除答非所問的障礙？別無他法，請提案者放掉預設、本位，還有優越感。

認知、情緒、慣性

為什麼聽故事、講故事會有障礙？從提案的角度來看，不外乎有以下三個共同原因。這不全然是可見的障礙，卻是造成障礙的主要原因。

第一原因：提案者的認知不全面

認知不全面的範圍，包括對客戶端：如曾經做過的案子、市場上的競爭關係、企業文化，以及對自己的定位。對客戶端的認知不全面，很容易造成溝通誤判，或是忽略潛在資訊與機會。

對自己定位的認知不全面，就是以為客戶期待提案，但事實上不然；或是你以為你比客戶懂，其實客戶只是冷眼看你不懂裝懂。

第二原因：分不清情緒藏與不藏的時機

很多人說提案時要「喜怒不形於色」，這句話好像對，也好像不對。我覺得只要用對時機，喜怒形於色也很好。有時候是回應對方的要求超過能承接的底限，有時候是發現對方的情緒和你不同，你想弄清楚為什麼不同，是不是有什麼地方沒注意到。建立在真誠與開放的「形於色」很好，這樣才能和客戶建立真實的情感交流。

而要藏起來的情緒是什麼？是一些可能差點藏不住，會造成人身攻擊、有殺傷力、又沒辦法推動會議前進的負面情緒。這種差一點藏不住的情緒，多半是發生在：你覺得這個問題太白目、這個規格條件糟到讓你想暴走、覺得被羞辱、覺得今天誤會大了，或是客戶太沒 Sense 了，這些無法靠社交禮儀忍一下過去，「暫時」藏不起來的情緒，會讓會議的氣氛立刻凝結，雙方站在對立面，提案其實等於結束。

　　可是我不會永遠藏著，我一定會找到合適的機會釋放，因為這樣才能和客戶建立真實的情感，對方也能明白我方堅持或在乎的原則。為什麼要釋放這些情緒？因為我所受到的驚嚇，跟客戶誤解的力度一模一樣。客戶會提出來，就是真心覺得自己沒有錯。

　　延續前面爭取運動會標案的故事。當評審覺得旅客拿拖式行李箱不合理時，如果我直接質疑他：「你真的這樣想？你是認真的？真是太不專業了！」我的團隊會立刻被掃地出門。不要忘了，評審是真心覺得那樣不合理，所以才提出來；我必須先藏住情緒，等到時機恰當時才能回覆：「您應該是認為，或許我們可以聚焦在運動員的形象，用運動員習慣用的行李袋，在鏡頭快速移動時，建立關於運動的印象。」

　　評審回：沒錯，你講就是我的意思。（大家都知道我在找台階）
　　我說：對啊！不然我想您怎麼會看這麼細。

　　我做了這些回應，有可能其他評審覺得這個廣告代理商很高明，不會為了得到案子隨便附和評審，有自己的堅持。如果當時忍下不

做任何回應，搞不好現場就會有人覺得，這麼奇怪的問題居然也能吞下去，以後不知道會做什麼手腳。

情緒該不該表現出來，可能不是障礙，而是當下的一種選擇。的確有很多提案生手或是初入社會的朋友，聽到防不勝防的問題，情緒立刻表現在臉上，他和客戶之間馬上因此站在對立面。

如果表現情緒對提案有幫助，那麼，請好好利用，爭取你要的。如果一點幫助也沒有，我們還是暫時控制一下，再看看有沒有必要讓情緒展現出來。

第三原因：慣性綁手綁腳

人是習慣的動物，或許你習慣故事的說法總是「因為→所以」的結構。也許提案時你一定要 PPT，一定要按照「先找疑問，再找解答」的順序進行。一旦 PPT 從橫的變直的，就講不下去了。或是檔案沒投影在螢幕上，你就開始結巴。當客戶要你跳過概念說明，先介紹報價邏輯，說不定你的腦袋會立刻當機，不知道怎麼接招。

人被慣性綁住，太過依賴習慣，會變得沒有彈性，無法用開放的態度進行討論，無法應付防不勝防的問題，慣性就會成為阻礙。

不過，我們可以挑戰別人的慣性，利用這個方式引起注意。像是華人聽演講時，習慣只聽不發問。抓到這個慣性，你在提案時就可以製造「不習慣」，動不動問一下「這個想法您覺得怎麼樣？」、「這樣規劃，副總有沒有什麼看法？」，或是「總經理上次說的我

不認同。團隊討論後提出的建議如下……」。利用這種不習慣，反而能建立提案中的互動與交流。

好故事藍圖始末

故事可以幫助我們進入想像，讓我們有實際感知。說故事能讓人體會弦外之音，增加提案說服力。

「說故事的技巧」是提案者必備的當然手法，藉由故事包裝，將日常語言、商業語彙、關鍵字，轉化成更具深意、「耐人尋味」的情緒發想，藉由故事打動人，也為提案帶來助益。光有這樣的認知還不夠，我們更要了解為何時至今日人們依然喜歡聽故事？

我的答案是，因為故事能將我們的生活、熟知的文化、尋常的語言，以及所見所聞，利用創意、雙關、暗喻等技巧轉化，轉換為更有力量、更清晰、更具意義的經驗表達，加強商業提案或產品的價值，帶給人們更好的想像，這是客戶／觀眾們之前未曾有過的經歷。

提案者必須認知，故事會在提案中的兩個關鍵點上徘迴。第一點：故事本身呈現的世界。第二點：提案者企圖創造的想像世界。兩個關鍵點是否有關連，能不能產生交集？如何找到最適切的張力與平衡，決定故事及提案的成敗。

不要以為把故事塞入提案中的某個環節就是故事提案，我們首要學習的是故事的結構：怎麼說、怎麼鋪排、怎麼理所當然，而不是唸床邊故事書。

客戶決定接受提案的關鍵，往往是感性面，故事說得好，提案成功率會大增。那麼，要怎麼在提案中運用故事化的結構，觸動客戶？以下，請跟著我的步驟依次思考，讓我帶大家重新探討一則「好故事」的始末。

Step1：蒐集故事元素

從故事中選取某些事件，編寫成有意義的場景，引發觀眾特定情緒，同時呈現某種特定的人生觀與商業觀，故事一定存在以下要件：

- Who：有誰，有哪些人物？
- Where & When：故事發生的時間和場景。在哪裡？什麼時候？
- What：發生什麼事？故事中的人物有什麼行動？
- Why：為什麼會發生？有什麼衝突或危機？
- Why for／So What：這些事讓我們看到什麼？帶來哪些訊息、啟示、聯想？

Who、Where & When、What、Why 四點，是解釋故事發生的現場環境，是一種客觀描述，就是〈第三章〉提到的「人事時地物」；而 Why for／So What 則是詮釋故事背後可能產生的意義、鼓勵等價值，或是引發的其他想法，這是一種主觀的解讀。事件、場景，產

生的情緒、觀點，都是構成故事最基本的元素。

Step2：偵探般的觀察

寫提案、想故事，簡單來說就是把上述要件填進答案，但怎麼讓故事精采更重要，接下來我們就要像偵探一樣，深入觀察現場環境，針對 Who、Where & When、What、Why 四點，和個別的「人事時地物」進一步拆解細節。

- 這個人有什麼背景？
- 這個人為什麼在這個時候做這件事？
- 他為什麼選擇這個地方？這個地方對他有利嗎？
- 這件事有什麼特別的意義嗎？
- 他達到目的了嗎？
- 做完這件事，他想接著做什麼？

從「人事時地物」各別拆解出的細節絕不只這些，你可以自己延伸，或是和同事一起討論。

Step3：試著解釋觀察

從第一步到第二步，故事已有基本的輪廓和事實，但輪廓和事實背後，還藏著某些線索，必須由提案者為大家解釋。例如：

- 故事主角可能面臨理想與現實的衝突，這是我們提案的課題嗎？
- 為什麼主角會遭遇阻礙？是否代表多數人也會遇到困難？

- 他做這件事，可能帶有什麼情緒？提案或產品會引發什麼消費動機？
- 這件事可能帶給他的利益是什麼？能不能契合我們的提案價值？
- 可能引發什麼風險或危機？我們的提案是否是最佳解決方案？

　　解釋故事是為了讓自己更理解故事，接著才能創造提案語境：提案者要用什麼語氣，帶著什麼目標傳講故事？悲傷的，還是充滿希望的？要用什麼色系做簡報？冷靜的，還是熱情的？貼合故事的提案語境，才能讓兩者更立體。

Step4：詮釋故事，轉化成商業訊息

　　以上三個步驟，已把故事世界交代完畢，接下來就是建構客戶／觀眾的世界：

- 故事讓人產生什麼情緒→讓客戶認為需要商品
- 故事從哪個地方讓人感同身受→讓客戶感同身受
- 故事帶來哪些新知識或新觀點→突破客戶的未知
- 故事產生哪些想法或是行為改變→為客戶指出突破的機會
- 故事刺激人產生什麼新行動→客戶的擔憂與期待
- 哪些經驗可複製到個人生活，哪些風險要小心面對→為客戶證明，支持客戶
- 這些新的改變或行動對他的意義是什麼？→暗示提案或商品價值

　　從故事延伸出的新發現不只這些，找出新發現，就是對故事的詮釋，也是提案時引導客戶，刺激他們前進的推力。

故事必須帶來改變，不能千篇一律，要讓人百聽不膩。改變才會讓提案有意義，繼而引起動機。讓改變發生在提案面臨的挑戰中，就是向客戶提出解決方案的時候。

故事會為我們在提案時面對的商業處境，帶出價值取向。這些價值取向是你的公司商品、服務所能給予的。這個故事一瞬間，就能從「發現問題」轉換到「解決問題」，或是激發客戶勇氣，或是找到可類比的真相，促成雙方能夠共同決定，讓提案成案。最棒的就是，你的提案就是解方。

找對切入點，成就合宜性

容我再強調一次，「故事性提案」只是為了讓商業提案更有效率的一種技法。因為常有人會問我：「George 我明白故事結構，也知道好故事確實能吸引人，但提案時就是找不到合理的切入點。」

故事內容千奇百怪，令人苦惱。通常我會以創辦人、產品、使用者（消費者）做為取材方向，想想哪個適合成為提案故事的發想點。為什麼是這三個？讓我為你說明白。

　　創辦人對自己創造的商品和服務價值，一定有很多起心動念、想法和堅持，所以他才會創業。這就是為什麼問創辦人可以找到很多故事的原因。很多時候沒有足夠的題材可以說，我就會特別回去看看創辦人創立這家公司的初衷，然後再來想「我要的故事」。

　　這時候可能有人舉手發問：「George，如果創辦人的故事都說得差不多了，怎麼辦？」很簡單啊！找找看這個行業中有哪些標竿，把它當成前進的目標切入；或是找一個失敗的經驗切入，做為參考借鏡。創辦人的故事有成功的，也有失敗的，無論成功或失敗，都是值得學習的故事。

　　維京集團（Virgin）創辦人理查・布蘭森（Richard Branson）的故事非常傳神。他有閱讀障礙，但他最喜歡顛覆主流文化，也是出了名的嗨咖（最近還登上太空呢！）。他辦過雜誌，經營唱片公司，經營過鐵路、電信、飲料業等生意。他是一位充滿冒險精神的商人，可是事業多半都虧錢，但只要其中有一、兩項事業賺錢，就算其他都失敗，他也完全不在乎。因為「玩樂」就是他經營事業的最高原則，他堅信工作同時也要玩樂。

　　所以，他可以因為和 AirAsia 老闆費南德斯（Francis Fernandes）打賭輸了，甘願扮成空姐娛樂大眾。他也曾用裸奔的方式，宣傳公司產品；駕駛熱氣球駛入紐約時代廣場；還可以把公司變成娛樂感十足的酒吧。英國更流傳著這樣一句話，「總有一天熱氣球會殺掉布蘭森」，足見他對極限運動的熱愛。

這種不怕冒險的人格特質打造出的維京集團，好像跨足任何新產業，都能突破市場限制，總會帶給大家驚奇與驚喜。布蘭森喜歡為自家企業、產品代言，這樣的創辦人故事，不只有事蹟，更多的是隱藏在背後的情感，所以總有說不完的故事。

切入點2：產品，你的賣點

找不到題目、找不到好故事，沒有關係！可以從產品著手，看看產品的成分、功能，可以發展出什麼故事。SK-II 的 PITERA ™就是很好的例子。

日式傳統酒釀酒廠裡，釀酒老奶奶的手如少女般滑嫩白皙，因為米酒提煉過程中，經天然酵母菌發酵後產生的 PITERA 精華，能讓肌膚維持在永恆的少女時光。這個故事可以談自然保養、古老智慧，任何時代的女人都不想變老。

前陣子我協助中國客戶為社區商業招商廣告提案。這個案子的社區很大，每個社區住戶大概有個幾千人，建案位於銀川城市市郊，目標對象以一家三口、家境小康、小孩還在唸小學的小太陽家庭為主。這個社區的父母平時多忙於工作，下班還是會把工作帶回家；空閒時間多用來補眠。因此，屬於日常生活類的商業服務，像是美髮院、花店、拉麵店、熱炒店、小型電影院、洗衣店、咖啡廳、鎖店、小酒館等，比較能符合該社區住戶的生活模式。

社區商業，主打回家之後、放下工作的生活需求。我偶然聽見客戶窗口聊天，隨口抱怨了現代年輕夫妻的工作壓力。他們拼命賺

錢，只為了住上好的小區，但平常都在加班，到了週末只想待在家休息，根本不想出門。他們笑稱，回家能小酌一杯、吃一碗拉麵就算是很「有情調」了。

我們團隊參考了這段不經意的談話內容，擬了一個提案，把內容改編成故事，帶出我們對這個案子的主張：回家生活，讓生活回家。故事簡單，卻很真誠。因為這是從招商經理口中聽來的。

> 社區裡，有一個「拉花男孩」，他長得很粗獷。稱他是「拉花男孩」，不是因為他在咖啡店上班，特別喜歡拉花，而是因為他總是在吃完拉麵後，會去隔壁花店買花，然後才回家。
>
> 為什麼吃完拉麵之後要去買花？因為吃拉麵，是為了回家前先解酒；買花，是為了回家賠罪。
>
> 他，就是社區裡的拉花男孩。這樣消費者期待的，不只是更多商品服務，而是更多生活感。社區故事你我不同，才可以一起合作，讓生活回家，讓商機倍加。

這個故事提案的目的是「招商說明」，說服店家商戶加入，進駐品牌平台。我們的提案就是客群描繪，故事的背後邏輯及說服點不變，也可以直接跟招商的目標店家這樣說明：

> 各位，我們這個社區住很多人，是封閉式的商圈。如果你賣拉麵，你的隔壁在賣花，你會發現原來你和花店老闆可

以接觸到同一種人，而且創造一個生活型態。所以，透過我們的招商平台，可以幫你組合好，販賣一個完美的城市生活居家服務。而且，不是只有這個社區，我們的平台可以跨社區聯盟，你沒有能力開連鎖店，但是因為我們有聯盟，你就可以開連鎖店；你沒有能力做商業組合，加入我們就是組合啦！為什麼？因為我們的商業主張是「回家生活，讓生活回家」。單靠自己沒能力做的，透過我們搭建的平台，你就參與其中了。

這兩種提案方式都傳達了社區商業相同的利益屬性，但是透過故事發現不同的商品特性，反而讓人更有畫面、更有生活感受，更容易將具象的現實帶來更多美好想像。

切入點3：使用者，你的客人

商業故事提案的最終目還是銷售。除了價格、通路、產品規格等銷售規劃外，找對使用者，對於使用者有對的描述，就成功了一大半。前面社區商業招商的例子，也是從使用者切入，使之聯想產品的優勢。

所謂使用者的故事，指的是消費者使用了我們的品牌或產品後，獲得怎樣的體驗；我們也能從這裡找到故事性與價值。以消費者、使用者做為切入點非常安全，唯一會出錯的是找錯消費者，描繪錯消費者。所以，認清楚誰是目標消費者，就是提案中很重要的基礎練習。

請消費者當故事主角，多芬（Dove）廣告做得非常成功。透過親身使用，為商品見證。多芬的故事提案傳達了一個重要訊息：每個女人都一樣美麗，每個女人都值得被寵愛。這樣的洞察一反女性美妝保養品總是找明星美女代言的慣性，塑造了故事提案的好範例。多芬並非放棄名人代言的策略，而是從另一種真實設計的觀點呈現，完成故事提案。

最近我們協助富邦金控企劃製作的品牌故事系列影片，也是從消費者實際訪談為切入點。一位從事養殖漁業的漁民站在他的魚塭旁，操著台語說：我們養魚的，就是拿錢換經驗，最怕就是遇到天災，像是颱風、有時淹大水，或者是寒害，有時候嚴重的災情，這整年辛辛苦苦飼養的就都沒了。

主角每天盯著監控數字，當水溫降到警戒數字，就要啟動禦寒機制。天氣每天在變，有時一顧就是整個晚上，甚至擔心到睡不著。台灣氣候變化太大，很多保險公司都不願意承接這樣的風險，但是富邦願意，甚至在寒流到達一定低溫就先啟動理賠，「明年想翻身，至少還有一筆基金在這裡。」

這時候可能又有人想舉手發問：「George，人就百百種，我怎麼知道哪一種人才是我要的消費者？」人有百百種，那很好啊！表示你不缺題材。會舉手發問，真正的問題「不是找不到」，而是「為什麼是他們」。

尋找、鎖定目標消費者的時候，我們常常會犯錯。總以為只要貼上符號，就能讓這一群消費者認同接受。只是隨便往這群人身上

貼個一個新新人類、Ｚ世代、宅男等符號。這個符號毫無意義，講出來的故事也可能無法貼近他們的心。

如果不了解鎖定的消費者，沒有真正透過心理洞察，以及生活經驗找到使用者的性格特質，就不能發展故事當中最需要、最可信的消費動機。這樣的故事最後帶來的行動、情緒反應都不會有成效。

切入點4：風土環境，你的生活

從使用者的角度出發，就要從他們所處的脈絡、流行文化，或次文化著手，也就是深入了解他們生活在什麼樣的風土環境中。風土環境，由脈絡（Context）、流行（Happening）、次文化（Sub-Culture）、人文符號（Sign）組成。

脈絡，是消費者生活的處境，比如國家與政治環境、經濟狀況，發生了什麼影響深遠的大事等等。流行不是指時尚（Fashion），而是在脈絡中不斷發生變化的話題事件，因此指的是：Happening。

就像 2020 年開始，全球在新冠肺炎（Covid-19）影響的脈絡下，人人出國困難，只能在國內旅遊。於是各國倡議疫苗護照，身在台灣的我們出入公共場所必須戴口罩。「疫苗護照」和「戴口罩」就是在 Covid-19 脈絡下的 Happening。若是十年後提到疫苗護照，就不得不提 Covid-19 疫情。

在脈絡之下發生的流行事件很多，趨勢話題也很多。前面提到注入時代感的音樂、戲劇，當時發生的時事，消費潮流，就業機會，

虛擬貨幣等等，都是故事發展時的「前情提要」。所以提案時的引用、字詞選擇、參考資料，常常會和當時的流行有關。運用在脈絡中發生的流行事件，提案才有時代的味道。

流行事件後，會產生次文化，像是戴口罩防疫，也帶動口罩樣式百出，這就是口罩次文化。面對新文化的可能反應有幾種，可能是拒絕、模仿、或依附，甚至是挑戰。不管哪種態度，都會在這個文化演變中形成風土環境，這都是影響著我們的時代故事。

總體來說，我們的提案重點，不外乎是企業使命、企業理念、商品價值、市場、消費者利益等等，這些都是專業術語。但全部加起來，可以歸納成：創辦人、產品，使用者、風土環境四個角度。只要針對這些角度深入挖掘，一定能找到好的故事。

商業好故事 6 步驟

說故事贏得認同，只有拿到基本及格分數。我認為，故事的最終目的是把目標消費者的思想，轉換到提案者想要的方向，接著消費者才有可能展現提案者想要的行動。這樣才算是在思想遊戲中獲勝。

商業提案中如何透過說故事，帶領消費者改變思想、採取行動？我從 6 個步驟依次為大家說明。

步驟1：描述文化場景

場景，是故事一開始說明主角所在的環境。例如便利商店門口、醫院急診室，或傳統市場、鄉間小路等等。

由場景延伸出的文化，不是什麼琴棋書畫之類的藝術，而是一講出所在環境、空間、地方，就會自動聯想到的一種氛圍。像是急診室，一定是緊張急促；咖啡廳，也許是緩慢、有休閒感。

場景能增強訊息，為故事帶來節奏感，當提案者談到這些場景，自然會帶出那個地方的特有氣息，故事就建立了脈絡。

開啟思想遊戲的第一步，和現在許多 RPG 遊戲，開場時交代的一樣，一定是遊戲所在的文化場景。建構在什麼文化場景裡，消費者一定會馬上進入那個感受當中。

步驟2：角色，描寫特點

主角，是貫穿故事主軸線的重要角色，但不是把主角的客觀條件講完，就能創造有趣的故事。主角展現的特質，才是最該著墨的地方。

如果維京創辦人理查・布蘭森當故事主角，那麼冒險故事應該有趣到寫不完。如果鈴木一朗是主角，他在美國大聯盟連續十球季，擊出 200 支以上安打的金氏世界紀錄，就會被帶進故事。如果是醫師等專業人士當主角，就可以特別點出他的專業背景，呈現公信力。

最好的角色塑造，是仔細觀察後便可得知主角人物的年齡、性別、個性、神經質、衣著選擇、價值認同、教育、職業等。想了解一個人的本質，關鍵是安排一個危機，讓他在壓力下做決定，這才能凸顯角色本色。

務必記得，角色是呈現故事提案觀點的重要因素，如何利用角色的價值取向、內心信仰、娛樂習慣、特別追求的生活儀式等，是塑造人物特色的關鍵。如果一個角色沒有追求、沒有風險、沒有慾望、沒有得失、沒有衝突，就等於沒有張力。

想想《海角七號》阿嘉的失望與動力，想想《出埃及紀》摩西如果沒有殺人的逃亡生涯。故事中主角展現的純粹追求，都是真實的情感，不論你是否同意他的欲望。故事主訴的是堅定的力量，不論他的追求是否正確，不論正反結局，都會讓故事提案更有張力。

步驟3：行動與事件

有了場景，有了主角，那麼主角在這個環境空間中會做什麼事？為什麼會做這些事？下一步要做什麼？這三個問題就是故事的主體，同時帶出「主角為我們的提案創造出什麼行動」。

我用一個企業創辦人召開高級主管會議的故事當例子。故事一開始：

創辦人穿著風衣，拿著煙斗，用焦躁的腳步聲在公司四處走來走去。

焦躁的腳步聲、在公司四處行走，創辦人這樣的行為，對於準備開會的高層主管來說，代表什麼？

聽到腳步聲，會議室的主管就知道：大家皮繃緊一點，創辦人等等一定會批評一堆。但他會這樣子，不難想像。

為什麼他的腳步聲聽起來很焦躁，因為：

公司快被購併了，他焦慮公司未來、員工會不會被裁撤？他想看看公司各部門狀況，想想接下來的對策。

接下來，創辦人做什麼？

於是創辦人走進會議室，對所有主管說：我們一定要站好立場，不然恐怕會變成指使的棋子。眼下只有數位轉型，才能讓我們保有生存的機會！所以，所有的資源放在數位化；不會的，去學；再不會，換團隊，換腦袋！

那，「怎麼數位化？！」說到這一段，通常都是提案中和銷售最有關的銷售點，也是主角為我們創造出的行動：

所以，所有同仁，系統設備該升級的，請快點更新；負責產出內容的同事，請想想這些內容怎麼更吸睛。

主角的行動企圖帶來改變，可以識別到底是什麼迫使主角有強大的動機，這是故事提案的關鍵點，也是能否造成觀眾、客戶買單

的關鍵。是外界社會環境壓力，還是主角的內在自我？想突破的是個人欲望，或是群體理想……是哪一個才是真正的動機？所有的故事張力，往往都在這一個點上見真章。

步驟4：抓住故事的漩渦核心

漩渦核心，就是讓消費者願意跟隨故事轉變想法、產生行動的理由。可能是對理念的認同，可能是對未來的危機感，可能是話題的衝突性，可能是價值觀的牴觸。抓住漩渦核心的目的，是為了讓故事展現更大的訊息能量，使消費者可以投射自己在故事之中，建立與故事的關聯性。

不得不說，面對營業額或公司利潤時，有些企業純粹是把消費者當成提款機，而忘記了消費者是人，有自己的判斷。如果企業掌握的漩渦核心和當前的社會觀點或主流輿論不同時，可能會導致消費者反感，除了掀起輿論戰之外，說不定會採取抵制行動。許多爭議廣告引發的企業公關危機就是這麼來的。

但是，如果漩渦核心掌握得好，不僅能創造話題，還能鞏固目標族群的忠誠度。例如 NIKE 2018 年找來高度爭議性、觸及種族議題的 NFL 美式足球四分衛 Colin Kaepernick 為廣告代言人。Colin Kaepernick 最知名的事件，是在 2016 年美國發生多起警察槍殺手無寸鐵的非裔美國人時，率先在比賽前演奏國歌時單膝下跪抗議。

該年 9 月廣告一推出，立刻引起美國正反兩極爭論，許多消費者甚至燒了 NIKE 球鞋表示抗議，NIKE 股價隨之大跌，市值蒸發

40 億美金。但幾天後，NIKE 的網路銷售數字反而增加 30% 以上，IG 官方帳號增加 17 萬人，這支廣告片點閱數字是當時的第二名；到了 9 月 13 日，NIKE 股價升至歷史新高，許多美國知名人士公開聲援 Colin Kaepernick。在這段期間，NIKE 創造的傳播聲量已經無法估計。

Colin Kaepernick 本人和種族衝突議題，就是 NIKE 故事中的漩渦核心。這個核心掌握得好不好？許多學者或媒體都覺得：很好！NIKE 不但賺到一波話題行銷，還藉此機會洗掉中年白人消費者，把目標消費族群向下紮根到 29 歲以下，認同種族平等的年輕人。

步驟5：漩渦可能會引爆哪些訊息

這和「種瓜得瓜、種豆得豆」的概念很像，也就是說，抓出核心之後，你期待能「漩出」哪些訊息或價值？這些訊息或價值又如何轉變消費者想法和行動？

NIKE 廣告的漩渦核心是「種族衝突」和 Colin Kaepernick 的爭議性，這個漩渦核心丟出之後，引爆的是大量媒體評論，甚至連當時的總統川普（Donald Trump）都加入論戰說：NIKE 腦子壞了。漩渦轉出的價值，是美國立國時強調的「人皆生而平等」，這個核心概念很容易反映（Projection）出支持「種族平等」主義的群眾認同，和支持「白人至上」主義的群眾反感。那麼，這兩大群眾對應出的反應（Reaction），當然分別是支持購買和燒毀抗議。

反映（Projection），是借由這個漩渦核心，讓消費者投射出他

的價值信念、他的擔心、他的需求。而提案者預設或創造的反應方式，就是為了鼓勵消費者回應漩渦核心所做的設計。可以是你預想中會出現的社群論戰，也可以是你推出的銷售方案、社群關注或是捐款行動。

這個步驟必須和上一個步驟一起設計，確認漩渦核心能引爆提案者最終想說的訊息和價值，並且要深入推測目標消費者可能有的態度，設計出讓消費者採取的反應行動。

步驟6：建立關聯

建立關聯，指的是透過故事，形塑出哪種角色，或具有哪些功能，讓客戶和消費者之間產生關聯。

客戶有可能為消費者解決了問題，是問題解決者；有可能為企業傳達品牌理念或價值，是價值傳達者；可能創造了新的生活想像，是先知探索者；可能建立了絕對忠誠地位，成為消費者緊緊跟隨的品牌大神。

有沒有覺得似曾相識？沒錯，這個步驟可以和〈第三章〉的「提案者角色」相互對照。你會發現，情境雖然是提案，但想在客戶面前展現的功能價值，如果用在客戶想對消費者說的故事上，一樣可以展現！

我的集團比起許多上市櫃公司，資本額和營業規模小得許多，但總覺得在廣告傳播業服務，也該盡到社會責任。弘道老人

福利基金會，大家對他們的印象，可能是從《不老騎士》（*Go Grandriders*）這部紀錄片開始。弘道基金會以高齡長者的關懷照護為主，是我們創集團旗下公司長期以零行銷預算服務的單位。

基金會關懷的長者，有些因為親人離世而獨居，有些因為經濟狀況不得不獨居。沒有跟著義工實際到獨居長者的家親眼看看，很難想像在人均所得快要到達已開發中國家的台灣，還有人住在這樣的環境。

但這些長輩卻很知足說：「有人來幫我們煮飯就吃，日子還是能過下去。」這些被關懷的長輩還反過來安慰我們同事，要他們不要難過。旗下執行團隊發現，只要去過獨居長者家中的志工朋友，都會詢問相關捐款帳號。因此，在規劃 2020 年歲末寒冬募款活動時，團隊推出「孤寒大飯店」活動，把活動網頁設計得和五星級飯店一樣，邀請 Ella 陳嘉樺，化身飯店接待人員介紹這間飯店，並邀請廣大鄉民入住體驗：

鏽蝕老舊管線、反覆加熱的隔夜菜、
想省下出門次數的每日 2 張衛生紙、
陽光加熱的熱水澡、壞掉的電視陪伴，
這些營造出「零星級」的環境，
都是他們僅有「五星級」的歸宿，
讓大家真實看見，
你一天也不想住的地方，
是他們寒冬唯一的家。

不只如此，團隊還以「孤寒大飯店」之名參加旅展，甚至和旅遊網站合作，希望更多鄉民來體驗。有些鄉民以為「孤寒大飯店」是電影《孤味》的相關活動，或是另一個等於沙發衝浪的名詞，真的訂票去住一晚。不管是「誤入歧途」的網友，還是受邀體驗的Youtuber，共同的心得都是：「完全沒辦法住下去，沒辦法想像這些爺爺、奶奶，他們怎麼有辦法一輩子住在這裡。」台灣很有愛，募款結果當然超過預期。

把「孤寒大飯店」這個故事套進我們前面談的「6個步驟說故事」看看：

一、文化場景在哪？

一個低收入、獨居長者的家。生活用品欠缺，房子年久失修，隨時漏電漏水，也許四周堆滿雜物，桌上滿是發霉的食物。

二、主角是誰？有什麼特質？

獨居長者。行動不便，沒有能力整理自己的環境，又不想給別人找麻煩，所以生活得過且過。

三、主角為我們創造出什麼行動？

去長者的家住一晚試試看。

四、漩渦核心在哪裡？

對長者的扶助道德感。

五、引爆了什麼訊息？民眾有什麼反映及反應？

- ▶ 我完全沒辦法住下去，我沒有辦法想像這些爺爺、奶奶，他們怎麼有辦法一輩子住在這裡！
- ▶ 這真的是台灣嗎？
- ▶ 我老了會不會也變這樣？
- ▶ 我可以怎麼協助這些長者？捐款嗎？

六、弘道基金會和民眾建立了什麼關聯性？

建立了價值傳遞的關聯性。

可能會有走務實路線的人覺得：既然都住了，為什麼不乾脆幫長輩整理環境？其實這類社會服務是另外一個議題，而且如果用這樣單刀直入的方式，說不定還沒辦法吸引平時比較不關心社會議題的族群。

「孤寒大飯店」
活動官網

Ella 導覽孤寒
大飯店

歡迎入住孤寒
大飯店

🗄 George 教練帶你做

看圖說故事：
1. 找兩位同事、朋友或家人一起玩。
2. 找張圖像，三個人一起看 1 分鐘，之後蓋起來。
3. 三個人分別用 1 分鐘描繪這張圖像。

看圖說故事遊戲，可以觀察別人的描述習慣和自己有什麼不同。有些人可能習慣講細節，但沒有講圖的全貌；有些人可能講完全貌卻漏了細節，透過這個遊戲明白這些差異，再套入提案中，就可以理解客戶關注的和我們想傳達的一定有差距。接受這些一定會出現的差距，才能進一步思考如何與客戶應對。

George 教練經驗談

在畫出故事藍圖的主軸下，你可以決定哪些段落要注入時代感，什麼時候用 BGM 或儀式感增加提案的順暢度；在思考提案的溝通策略時，可以視這個專案的複雜度，客戶代表出席的重要性，決定要不要增加專業說服力、採取哪些談判方式、或是要用哪些工具增加自己的好感值。

而我列出的 6 個障礙，隨時會出現在提案之中。雖然前面我提了很多練習方法，但最核心的關鍵就是：保持自己在態度上、思考上的彈性。有時候需要放掉一些些自我堅持（或者是固執），才能打開五官，真正感受到會議室中每個人，包括你自己的想法和情緒。能理解大家的情緒，談判與提案才有致勝的可能。

生活處處是提案

真正的探索之旅不是尋找新的景象，而是在打開新的視角。

——馬塞爾‧普魯斯特（Marcel Proust）

我好喜歡電影《玩具總動員4》（*Toy Story 4*）中，叉奇（Forky）的故事。

　　電影中，玩具的主人邦妮（Bonnie）第一天去幼稚園上學，新環境讓她感到陌生、害怕、不安。幼稚園的第一堂課，邦妮用垃圾桶的塑膠叉子，做出玩具「叉奇」當成自己的玩伴。有了叉奇陪伴，邦妮不害怕上學了，從此叉奇變成邦妮最愛的玩具。

　　但是叉奇根本不覺得、也不敢想像自己是玩具，他認為自己就是用完就丟的垃圾，垃圾桶是他最後的家。所以就算變成邦妮的最愛，他還是不斷想衝進垃圾桶，繼續當垃圾。但對邦妮來說，「There's only one Forky ！」叉奇是她的唯一。

　　當叉奇跳進垃圾車後，胡迪為了守護邦妮，決定追著垃圾車，想把一心回去當垃圾的叉奇找回來。胡迪告訴叉奇：當有孩子需要自己時，那種被需要、能為他人付出的感覺很有價值（Being there for a child is the most noble thing a toy can do.）。胡迪勸說後，叉奇改變了「對自己的看法」，選擇跟胡迪回到邦妮的家。

　　抱歉劇透了！我真正想表達的是，這個故事透過玩具們的自我認識，向我們提出一個偉大、動人的主張：「每個人都有自己的價值，沒有人是沒用的垃圾」，但這個故事不是用老生常談的方式表達，而是用一個垃圾變玩具，價值轉換，寓意極深的故事，帶出「對這世界來說，你可能只是某人；但對某人來說，你是他的全世界」。（To the world you may be just one person, but to one person you may be the whole world.）

這個故事，能完全能說明本章的核心要旨：提案的「三意」轉換。

意思、意念、意義

我說的三意，是「意思、意念、意義」的統稱，是指運用想像力，找出客戶表面處境與你的提案之間，或商品、服務的表面資訊，與消費者之間認知上的關聯性。如果直接拿叉奇的故事對應，可以這樣理解：

● **意思，就是「人事時地物」跟「過程與結論」的情報資訊**

叉奇的故事說了什麼？叉奇一開始怎麼看待自己的角色和價值？胡迪怎麼認定玩具的角色和自我價值？叉奇為什麼要跳垃圾桶？胡迪為什麼要把叉奇追回來？胡迪在追回叉奇的過程中和叉奇說了什麼？最後叉奇的決定是什麼？這些環節發生的人事時地物、過程與結論，就是這個故事的「意思」。

● **意念，則是你看完電影（聽完提案），產生的行動或情感**

看完叉奇的故事，或許他的自卑勾起你曾經有的自卑，或許胡迪的忠誠讓你想到某位朋友，或許你覺得叉奇很可愛，所以動手做了一個……，這些都是「意念」。故事所有環節，也就是前段的「意思」能夠讓你產生超乎故事情節的心情，你對故事的理解與想像，會產生更大的動能轉換。不管你對故事的本意是接受或反對，意念都已經產生。

● **意義，就是故事帶給你的知識、觀念或價值學習**

意念最終會帶給觀眾深刻的意義，促使觀眾反思，同時在過程中

學習。例如叉奇的故事告訴我們，「每個人都有存在價值，都值得被珍惜，能為他人付出很有價值，要學會接納自己……。」這個故事對你有意義，一定是你從心底認同故事的邏輯、鋪陳、情感、角色……，能讓你把自己的心情或過去投射到故事裡。

有發現嗎？這三個「意」，是我們完整接受一個故事，被這個故事觸動心情、讓這個故事走進自己心底的三個轉換步驟。

透過「意思」，我們建構了故事的事實、場景，得到故事想傳遞的情報。經過「意念」，開始認同故事告訴我們的一切，開始與故事共鳴。故事引發了其他的想法、感受，讓我們覺得有收穫時，就產生了「意義」，或是誘發我們進一步行動，改變固有的想法。

把這個三個轉換步驟用在故事化的提案架構中，則是讓目標消費者更能貼近客戶行銷活動、接受客戶行銷訴求，最後展現預期行動的催化技法，也是找出行銷訴求概念時，最實用的技法。

「George，這聽起來好深奧喔，感覺好像有點難？」我告訴你，其實你早就把流程 run 過一遍了。

三意轉換，早就存在你看電影的時候、聽歌的時候、看書的時候……。你需要的，只是感受它們的存在，並在建構故事的事實、場景，提供故事情報時，再加上一點想像力，轉換一下視角。

為什麼要加上想像力？因為每個人成長背景不同，對所見的事實、場景、情報，會有不同的解讀。而想像力可以協助你不被經驗

綁住，讓視角更多元。

台灣在六〇年代還是農業社會，地瓜葉是當時庶民的家常菜，隨地一抓就一大把。現在地瓜葉竟變成「有錢人的有機蔬菜」。如果一家三兄弟的成長背景，剛好走過家庭從貧窮到富裕的時光，這三兄弟可能對地瓜葉有完全不同的看法。

生在家裡最窮時的大哥可能認為：小時候家裡窮得只能吃地瓜葉，現在我又不窮，幹嘛還吃！二哥出生時，可能家裡經濟好些了，餐桌上可以多一兩道菜。也許他覺得：小時候吃太多地瓜葉了，有點膩，但現在要吃還是可以勉強吃幾口。小弟成長在家裡經濟最好的時候，家裡的菜色比較多樣，沒什麼機會吃到地瓜葉，說不定他會把地瓜葉當有機料理，天天吃呢！

如果你還有這種古早觀念：地瓜葉＝貧窮，沒有想像到它的營養價值，哪一天有人找你合作生產有機地瓜葉，你可能會直覺認為有錢人不會買，一口否決，很可能就會錯失創造新市場的機會。

三意轉換，4 組實作練習

如何操作「三意轉換」？該用什麼方法建立意思、產生意念、找出意義？我先簡單整理如下：

◉ 建立意思的方法：

故事說了什麼？有哪些情報資訊？也就是把「人事時地物」和「過程與結論」找出來。

● **產生意念的方法：**

從「意思」中判讀：對誰說？為什麼這樣說？觀眾（或自己）可能產生什麼想法？涉及生活聯想或文化脈絡嗎？

● **找出意義的方法：**

意義是學習理解的過程，如果不能理解意思及意念，就無法找到意義。想想看，「真是浪費時間，一早就被拉進沒意義的會議。」這句話背後的思維。我不懂這場會議的主題（不明所以），不懂這場會議是為了解決什麼問題（無法產生行動意念），所以這場會議超沒意義，浪費大家時間。

綜上所述，每一個提案觀眾（或自己）從中發現什麼觀點，對他的意義到底是什麼？如此思考，三意即刻顯明。

接下來我用四個練習帶領各位進入「三意轉換」訓練，一起運用想像力，好好玩一下！

練習一：普遍性的共同經驗，電線桿上的售屋廣告

普遍性的共同經驗，是進入「三意轉換」的基礎技法。我舉大家都看過的電線桿上售屋廣告當案例。

張貼在電線桿上的售屋廣告寫著：

● 近電視台透天別墅
● 使用 100 坪

- 雙車位
- 五房
- 3680
- TEL

Step 1：建立意思

　　這張廣告字面的資訊情報，就是「意思」。地理位置在某電視台附近，看的人知道在哪裡；有坪數、有價金、有使用房數和車位數。這些資訊已把物件屬性交代清楚。

Step 2：產生意念：

　　這張廣告是在對誰說話？為什麼廣告要這麼寫？這些資訊中充滿哪些暗示？這就是從「意思」產生「意念」的方法。我把這些暗示拆解成以下內容：

- 近電視台透天別墅：這個區域在內湖，離電視台不遠，也是台北市區，附近有捷運站，非常方便。
- 雙車位：雖然在市區，但走去捷運站可能要一段路，開車可能比較好，所以這物件配有雙車位。
- 五房：一般四口家庭住，空間一定夠；還夠準備一間客房或布置成書房。
- 100 坪、3680 萬：算下來一坪不到 40 萬，遠低於市場行情；交通算方便、車位房間數又夠，這樣的價位在台北市區哪裡找？
- 綜合以上，可以得到賣家想給你的暗示：其實位於市區的別墅很難得，而且價格真的實惠，可以來看看，但是一定要開車，因為雖然在市區，但不是捷運宅。

表面上的「意思」轉譯出來之後，對於想買別墅房的買家來說，有沒有吸引力？有的。買家心中一定會覺得：好像可以去看看——買家的「意念」產生了。

也許買家看到一坪的單價，可能心裡立刻ＯＳ：這麼低，是凶宅嗎？還是物件有什麼問題？所以，賣家埋下這些暗示時，同時要想想這些暗示會帶來哪些負面聯想，才能進行防堵。

為了防堵負面意念，賣家或許可以把文案改成：20年／一手屋／需要裝潢，但絕對值得。或是：不適合首購，適合二房／不靠近捷運，但絕對靠近天空／必須會開車，或者要多走路健身。這麼一改，低於市場行情的標價看起來就合理許多。

Step 3：找出意義：

接下來，如何讓「意念」跳躍成「意義」？這個過程就需要有一些共同經驗，和之前提到的聯想力。

別墅對買家來說，通常不會是首購，有可能是享受生活的渡假房、快樂悠閒的退休房，或是用來投資的第二房。有些人一輩子就想住別墅、對別墅懷有憧憬，對生活充滿美好想像。如果你明白別墅對買家的想像畫面是什麼，或是想告訴買家：住在這裡，接近鄉村，但又不會真的脫離文明社會，那麼在文案上，或許可以再加上一句：腳踏泥土，庭院專屬，與天空一起生活。

從買家對住別墅的想像出發，再加上原有的售屋資訊，這間別墅對買家來說，或許是這輩子最有機會圓夢、最接近別墅的時候

——這就是買家的「意義」。

我用這個最簡單例子告訴你，原來人們是這樣理解情報的，這樣普遍性的廣告都有「意思」到「意念」的轉移。基本情報知道後，人們會產生意念，會馬上判斷：這是不是我的。身為提案人的你，也要能知道對方（消費者或客戶）會問什麼，並進行防堵。另外，現在的電線桿售屋廣告中，好像沒有從意義切入的文案，這麼寫似乎有些風險，卻也是突圍的機會呀，不是嗎？

【實作練習題】網購已然是生活的一環，請從常用的購物網站或 App，找出一則推銷廣告，依照「三意轉換」的步驟練習一次。

【實作練習題】掌握說話的輕重緩急

目的：
從生活中隨時可得的題材，練習掌握說話時的輕重緩急，進而建構提案時的溝通層次。

方法 1　轉譯遊戲：
1.找一位同事、朋友或家人當觀眾，並協助你進行以下計時。
2.找一篇報紙或雜誌報導，閱讀一分鐘後，閉眼想一下。
3.在不看該文章的條件下，用自己的理解，對著觀眾重述文章內容。

4.計算重述文章需要多久時間，以及觀眾是否明白重述內容。

5.不想看文章，也可以看一段影片兩分鐘，然後重述內容。

喬治教練經驗談：

在生活中玩玩轉譯遊戲，可以訓練自己的轉譯能力，如果一篇文章看 1 分鐘，而你花了 4 分鐘才轉譯結束，那有可能是你創造了不在文章中的其他內容，或是你記住太多細節而沒理解全貌，等於分散了話語的能量。如果你只是重覆文章的資訊，那代表你沒有用自己的邏輯重新理解，欠缺輕重緩急的分辨能力，可能需要再多練習幾次。

練習二：經歷如何轉換？查爾斯・韓第的短文

自己的經驗最容易從「意思」轉譯到「意念」，再聯想成「意義」。但也容易藏著美麗的誤會。那就是，我們總以為「感動自己，應該就能感動他人」。大錯特錯了，其中還有許多細節要注意。我以英國管理大師查爾斯 ・ 韓第（Charles Handy）著作《你是誰，比你做什麼更重要》（*21 Letters on Life and Its Challenges*）中的一段文章為例，來說明經歷如何轉換：

內人不久前過世了。半個世紀以來，我第一次一個人生活。感覺很奇怪。我不能說自己很寂寞，因為很多人前來探望，邀我出門，陪我去看戲、聽音樂會，但那種共享人生、一起工作的親密一體感已然消逝。我的確擁有新的自由，做

任何決定時，都無須考慮另一半的想法：我想什麼時候就寢都成，愛吃什麼就吃什麼，想見誰就見誰。但這樣的自由完全無法彌補失去的一體感。當然，她還一直留在我的心裡。我幾乎時時刻刻都想到她，依然按照以往她喜歡的方式，處理所有的事情。我仍會往她的座椅望去，看看她是否一如往常，看著電視新聞就睡著了。在規劃旅程或接下工作時，耳邊仍會聽到她的聲音。仍然想像她讀著這份稿子，坦白提出她的看法，無論是褒是貶。

我已失去此生最重要的知己。也許唯有在失去之後，你才明白某個人或某件東西對你而言是多麼重要。友誼也是如此，千萬不要視之為理所當然。珍惜身這群特別的朋友，一旦失去他們，你將會無比懷念。

這段文章雖然很短，但卻完整把意思、意念、意義三個層次表達出來：「內人不久前過世了。半個世紀以來，我第一次一個人生活。」兩句話，寫出故事的「意思」，完整標出「人事時地物」和「過程與結論」，建構韓第生活大轉變的資訊和情感：太太過世了。

韓第用具體的事實描述「一個人生活」：自己做決定，擁有全新的自由，甚至對現在的「一個人生活」有著些許的不知所措。對照目前的生活，他仍眷戀與太太一起經營出來的「一體感」。

因此接下來轉進「意念」，韓第以生活中的三件事，回想太太會怎麼說、怎麼做，藉此表達對太太的思念：「當然，她還一直留在我的心裡。我幾乎時時刻刻都想到她，依然按照以往她喜歡的方

式，處理所有的事情。仍然想像她讀著這份稿子，坦白提出她的看法，無論是褒是貶。」

然而，太太對他來說，不僅是妻子，更是知己：「我已失去此生最重要的知己。也許唯有在失去之後，你才明白某個人或某件東西對你而言是多麼重要。」太太可能是世界上最了解韓第的人，甚至比韓第還要了解他自己；而他想藉著自己失去知己的生命故事，告訴讀者：善待你的好友，別留下遺憾——這就是韓第說這個故事的「意義」。

如果韓第直接說：不要把好朋友視為理所當然，要善待他們，不要留下遺憾，讀者閱讀時，可能只會感受說教意味。用自己的生命故事為例，帶出自己最終想表達的價值觀，反而能讓讀者在情感的帶動下，深刻感受到韓第的主張。這就是「三意轉換」創造的溝通張力。

感動必須有層次地傳遞，以上分析純粹是讓大家快速理解，也請大家務必花時間體會。畢竟我們談論的是令人尊敬的大師他的生命故事及成熟的寫作技巧。

意思	故事資訊、事件原點	死亡與獨居
意念	真相帶出真理	無法回復的情感
意義	生命的提問	誰是你生命的摯友

練習三：他人經歷如何轉換？「飛魚」菲爾普斯的故事

他人經驗，就是我們常說的「二手資料」。在提案時，如何透過二手資料的引述，讓觀眾感同身受？在這裡，我節錄一段網路上對美國游泳名將菲爾普斯的介紹來說明。

有「飛魚」之稱的美國游泳健將菲爾普斯（Michael Fred Phelps II），運動生涯中總共獲得 28 面奧運金牌。自由式、蛙式、仰式、蝶式，全都難不倒他。1985 年出生於巴爾的摩，有「巴爾的摩子彈」的別稱。

因為大耳朵、長手臂和口吃，菲爾普斯從小就被同學嘲笑；在被評估出患有 ADHD（注意力缺陷多動症）之前，甚至還因為坐不住，讓他的老師時常向同樣也擔任學校老師的媽媽黛比抱怨：「不能安靜地坐著、不能安靜、不能集中注意力」。

當黛比收到這些抱怨時回應老師：「也許他只是覺得無聊。」然而老師卻是冷冷地說：「你兒子不可能做好任何事情。」此時，黛比反問老師「那麼你打算怎樣幫助他？」

心裡同時還想著：「我要證明給所有人看，他們都錯了。我相信，如果我能與兒子並肩作戰，他一定能完成心中的夢想。」

Step 1：建立意思

這段文章中，哪些資訊建立了「意思」？當然是菲爾普斯運動生涯中的輝煌成就、出生背景、媽媽的名字與職業、身材特徵、患有的疾病，以及隨之而來的嘲笑，和老師對他的抱怨等等。

Step 2：產生意念：

在文章中，看出哪些部分是「意念」的描述？就在黛比和老師的交談中。老師的抱怨，只是陳述菲爾普斯過動的事實，但黛比反問老師「那麼你想怎樣幫助他？」這句話時，馬上從意思轉入意念了。

黛比這句反問，是以同為教育工作者的立場提出，問題背後的問題則是：你想要拯救一個孩子、找出他的價值，還是只想維持一個有效率的工作環境？我們該怎麼一起幫助這個孩子？

黛比清楚老師在教導兒子時會遇到的困難，所以她沒有像許多家長一樣默默接受老師的抱怨；反而立刻從母親的角色切換成老師模式，問問對方在教育上可以怎麼做，試著把對方拉成同一陣線，成為自己的協助者。

Step 3：找出意義：

無論是從老師的角色，或是從母親的角色，黛比徹底展現了對

菲爾普斯「永不放棄」的態度。但是，把孩子培育成奧運史上偉大的運動員，是黛比在特殊的境遇之下擁有的特殊經驗，畢竟一般人很難輕易把自己的子女培養成奧運好手，所以，如果用這個故事談「永不放棄」的意義，好像情感上的距離沒有那麼近，搞不好還顯得很教條。

但是如果我們把「意義」放在「該放棄還是該繼續」的掙扎心情，或是在遇到低潮時需要別人的援手，這些情感連結相對來說比較容易，因為大多數的人都會有類似的經歷或遭遇，從這個角度找出的意義較能感同身受。

雖然說「他山之石可以攻錯」，但是想在從二手資料或他人的經驗中找出意義，首先必須知道你和主角之間的共同點是什麼。如果沒有找出這個共同點，你對於主角的感動，只會停留在「感動」，而不會變成「感同身受」。

意思	故事資訊、事件原點	兒子的障礙
意念	真相帶出真理	天下的母親如何面對
意義	生命的提問	面對困境的決定

【實作練習題】試著將第四章「孤寒大飯店」公益行銷案，套用在「三意轉換」中。

我選擇用「猶大出賣耶穌」這個故事，一方面是並非所有讀者都像我一樣是基督徒，或有宗教信仰，對聖經的故事可能相當陌生，另一方面是這個故事引發了一些神學辯論，其中有些思辯邏輯和我們在商業提案中有些類似，所以我藉此來說明。猶大出賣耶穌的故事，簡述如下：

> 當民眾對耶穌的信仰度越來越高，引起了當時猶太宗教領袖的統治危機，因此想趁著逾越節期間，耶穌到容易下手的耶路撒冷與門徒聚會時，找到機會抓走他，以避免被支持群眾知道後，引發可能的動亂。但需要一個快速秘密的行動及一個正當的罪名，就是耶穌想當猶太人的王叛亂，於是他們收買了猶大。

> 猶大是耶穌從眾門徒中挑揀出來的十二位使徒，負責管理帳務，可見耶穌對於猶大的信任。猶大被三十銀元買通，向官方出賣了耶穌。而耶穌早就知道猶大會出賣他，但耶穌仍希望用他的愛，挽回這件事發生。因此逮捕耶穌時，他毫不意外；官方審判耶穌之後，便將耶穌釘死在十字架上；但耶穌戰勝死亡，復活在世人面前。

Step 1：建立意思

前面的陳述中，不難整理出故事的資訊：猶太人官方為什麼想殺耶穌？他們打算什麼時候下手？為什麼找內應？找了誰當內應？為什麼猶大要當內應？耶穌死後發生了什麼事？

這些都是故事的基本資訊。而這些資訊，可能讓閱讀故事的人，產生正負兩面不同的意念。

Step 2：產生意念

從正面來看，可以解讀成：神對世人的愛很大，這份愛大到就算門徒想出賣自己，神還是愛你。

但是沒有共同經驗的人，可能會產生反面的意念：耶穌也不是這麼全知全能嘛，不然應該可以預防這件事啊；或者是：還好有猶大出賣耶穌這一段，不然耶穌怎麼有機會復活？

針對反面思考的人，想調整他產生的意念，引導他找出意義，最好的方式就是直球對決、不閃避問題。也因為他沒有宗教上的共同經驗，想讓他產生共鳴，必須先讓他進入生活上的共同經驗。所以導引的時候，我會先放下關於神聖性、宗教性的內容，把討論的重點放在被挑戰的問題上：

◉ 猶大是耶穌的失敗宣教人選；當他想出賣耶穌時，耶穌知不知道？
◉ 如果不知道，他怎麼稱為全知？如果知道，他為何還是留著猶大在身邊？他為什麼要做這愚昧的決定？
◉ 難道只有猶大想出賣耶穌嗎？如果不是猶大出賣耶穌，還有誰會出賣他？

這些問題，哪一個最貼近生活，我就從哪一個入手。我選擇的切入點，就是「背叛」。於是我會做出這些導引：

是啊，在猶太官方這麼高度關注之下，難道只有猶大會出賣耶穌嗎？不要緊張，多的是猶大。我們這一生被背叛的經驗中，聽過的故事中，還缺猶大嗎？根本不缺猶大。就算沒有這個猶大，還會有其他的猶大出賣耶穌，因為猶太人不接受耶穌是神的兒子，耶穌已經成為他們信仰的障礙與宗教勢力的威脅，所以要殺耶穌。即使猶大不殺，還是會有人會出手。然而猶大即使犯了這背叛的罪，仍然有機會悔改。

但是，我們關心這個故事中還有沒有別的猶大出賣耶穌時，就像我們關心一些不相關的外星人，而這些關心，勝過我們對家人或鄰居的關心。你都不關心你周圍的人了，你去關心外星人幹嘛？

人有時候就是喜歡做判官，喜歡批判一些事，所以我從這些帶有批判的提問中反問一個問題，這個問題，可以幫助我在這種非特殊性的經驗中「接地氣」，找出我與對方的共同經驗。接下來，我就可以從這個反問或是其他的反問中，引導對方找出意義。

Step 3：找出意義

那麼這些反問該怎麼設計呢？就從對方的批判問題中設計。就像猶大有他性格中的問題，你會不會也有性格中的問題，讓你軟弱或犯錯？而猶大犯錯的時候，耶穌愛他嗎？愛，他就在現場，他還是願意給猶大機會。這個我們叫做憐憫與恩典。如果你犯錯的時候，你希不希望有一個人無論如何仍然愛你，願意給你機會？我相信是會的。耶穌願意給猶大機會，一定也會給你機會。

你問耶穌的決定是聰明還是愚昧？其實我也不知道，只有耶穌自己知道。不過我覺得與其糾結在這個問題，或是把重點放在距離你很遙遠的耶穌，是不是真的全知全能這類神學問題上，這就很像剛才我們講的：你在關心外星人。

也許這些神學思辨離你很遠，但其實都和你我的每一天有關，因為我們都需要愛與寬恕。

同樣是猶大出賣耶穌的故事，從正面解讀，可以得到神學的意義，從批判角度出發，也可以帶出生活中的意義。轉換的關鍵就在於能不能協助對方找出故事與他的關聯性。能找出關聯性，才能把非共通經驗進行轉換。

為什麼我會舉這個例子？因為有時候我會拿跨產業的成功案例向客戶提案，客戶常會回我：

George，這個和我們的產業不一樣啦！
George，我們產業不是這麼運作的！
George，你拿的例子太特殊了，我們做不到啦！
George，我們公司有這些限制，你講的這個案例或做法我們有困難。

這些態度和非基督徒或無宗教信仰者，在看猶大出賣耶穌的故事的距離感很像。當你遇到客戶這麼回應你，你該如何讓客戶產生「三意轉換」，讓案例的經驗可以參考運用？靠的就是從消費者需求、產業生態、經營心法等跨產業運作的共同性建立關聯。

【實作練習題】請依以下指示練習「三意轉換」：
- 如果你是男性：請試著用嬰兒奶粉廣告練習
- 如果你是女性：請試著用電動刮鬍刀廣告練習

George教練提醒

我分步驟談「三意轉換」，是為了方便解說。事實上大腦實際運作的時候，意思、意念、意義並不會真的按照順序，一步一步推演出來。有時候你會先感受到對自己的意義，接下來才把故事的意思、意念串在一起；有時候是你先有了意念，接著理解意思，之後才找到意義。這三者彼此之間有點像是數學上 X、Y、Z 軸三度空間的關係，並不是線性邏輯。之所以先用線性邏輯解釋，是先讓你明白這個思考方式，但不是制約你的想法。所以在我舉的案例中，如果你先想到的，不是意思而是意念或意義，那很不錯。如果在練習題演練的過程中，你想到的「三意」優先順序是跳躍的，那非常棒！

練習久了，你會發現「三意」之間會相互影響，並不是彼此獨立。有時候意念被包含在意思中，有時候從意思中引出意念需要一個引子。有時候領悟了意義，意思、意念完全都明白了。這個練習再搭配後面要談的「即興力」，相信你會更能感受大腦跳躍思考的樂趣。

歷史上很多傑出的政治家、宗教家，都有這個能力，把特殊性的非共同經驗，變成大眾能了解並感同身受的語言。像 1960 年代美

國黑人民權運動領袖金恩博士（M.L.King）最著名的政治演說「我有一個夢」（I Have a Dream），就是最好的例子。

所以在提案會議室中，即使你提供的想法對客戶來說，是特殊的、沒有共同經驗，或許可試著用「三意轉換」，不只是從資訊上解釋想法從何而來，還可以再進一步將這些想法來源，轉換成行銷或溝通上消費者可以產生的意念，最後為你的提案挺身說服，讓這個提案對客戶或對專案本身產生意義。

視角轉換，提案更立體

從不同視角看同一件事，重點和發展的可能性都不一樣。這個「不一樣」，就是創新的動能，用多角度看事情，可以讓提案結構更立體，賦予提案創新主張。

創新大師克里斯汀生（Clayton M. Christensen）在《繁榮的悖論》（*The Prosperity Paradox*）中提到：「每個新創的市場，不管它銷售什麼產品或服務，都會產生三種結果：獲利、就業機會、文化改變；而文化改變可能是最難追蹤的，但或許是三者之中最強大的。」他同時也舉了福特嘉年華車款（Ford Fiesta）為例：這款車最大的製造廠在墨西哥，全球銷售幾百萬台，但是墨西哥人沒有人開得起福特嘉年華，因為企業把便宜的勞動力當工具，只創造了企業本身的獲利，卻沒有轉念想想他們也可以是新市場，除了為他們創造就業機會，或許也能創造文化改變。

視角轉變是開始創新的第一步。很多人會覺得創新是新奇的想

法，或是異想天開。事實上，創新不是無中生有，而是把還沒整合好的點子整合起來，這些還沒整合的點子，就是創意。

創意要能產生價值，必須經過整合，必須經過商業判斷，找出策略和可以執行的空間。我們可以隨時想出一堆點子，但是如果不整合、不排序、不發表，只是收在筆記裡不實踐，這些創意自然就不會產生意義和價值。

在日常生活中養成視角轉換的習慣，不僅對於三意訓練有幫助，這更是提案過程的基礎訓練，因為養成創新思維及前瞻眼界，是各業態的必修課程。接下來我想邀請你玩一場思想遊戲：「產品利益練習」，協助大家把創意找出來。

TPO產品利益練習

產品利益練習是商業提案中發展創意時，最常用的邏輯思考方式。我們常把以下這些要件寫在便利貼或黑板上：

- 主題：這次進行創意發想的主要商品。
- A（Actor）：主角→哪類人使用這個商品。
- T（Time）：時間→泛指上午、中午、晚上等時段，或是年齡。
- P（Place）：地點→可能是家裡的一個位置、或一間餐廳，或某個空間。
- O（Occasion）：情緒或動機。其實原詞定義是場合時機機會→也就是指使用者此產品或服務所產生的情緒或動機，也就是什麼情緒促使你這麼做？什麼原因讓你這麼做？

● B（Benefit）：利益→在那樣的情境與動機之下使用這個產品，你有什麼感覺？或得到什麼好處，不論理性或是感性？

接下來，我們以「啤酒」為主題一起玩玩看。

TPO產品利益練習主題：啤酒

● A 主角：一個人／假設就是 George 本人
● T 時間：晚上下班回家／週末下午／凌晨
● P 地點：坐在客廳沙發／週末下午在書桌前／凌晨的家門口
● O 情緒或動機（為了方便說明，這裡我同時寫出「利益」：
  ▶ 我回到家要放空啊，喝啤酒、一罐下去：舒暢，再配個 Netflix ～多棒！
  ▶ 週末下午在書桌前寫稿，寫不出來，想到編輯催稿的臉……，怎麼辦？來打 Game 配啤酒好了，很療癒。這下子變得很興奮。
  ▶ 我在應酬時和別人喝多了，凌晨到了家門口一身酒氣，等等一定被老婆罵……。與其現在進去會吵醒她，還會被罵，不如再去喝個徹底。所以我心裡的好處是：「醉好啦」！
● B 利益：舒暢／興奮／醉好

TPO 產品利益練習：BEER

A 主角	T 時間	P 地點	O 情緒動機	B 利益
一個人	下班回家	客廳沙發上	放空放鬆	舒暢
一個人	週末上午	書桌前	打 GAME	興奮
一個人	凌晨	家門口	徘徊卻步	醉好！

　　啤酒的「意思」很簡單：含酒精 3% ～ 4%，各國不同風味有不同的釀製手法，適合冰飲和熱炒店。這個敘述大家都知道，但這個「意思」，不能產生「意念」。如果加入不同時空、動機、地點，同一個人喝同樣的啤酒，就會產生不一樣的利益。

　　這些視角變化，就是創新創意產生的機會點，啤酒可以產生的組合非常多，啤酒甚至也可以和愛情連結。西班牙啤酒 Estrella Damm 就有一支談論愛情的商品廣告。我們可以試著把廣告的內容套進產品利益練習裡，體會這支廣告創意是怎麼找出來的。

　　產品利益練習，不只能運用在具體的產品上，也可以運用在抽象的概念上。現在我們拿「健康」這個概念來試試。

Estrella
Damm 廣告

TPO產品利益練習主題：健康

　● A 主角：睡眠／用一個行為或概念當主角。
　● T 時間：60 歲／ 45 歲／ 25 歲，不同年齡。

- P 地點（我們沿用前一個主角使用的地點）：坐在客廳沙發／週末下午在書桌前／凌晨的家門口。
- O 情緒或動機：
  - 對 60 歲的人來說，他的心情是：打瞌睡放鬆。驚醒了還很慶幸自己能睡著。有多少人因為想太多，或太煩惱而睡不著。所以能睡就睡，對他來說就是健康。
  - 一個 45 歲的資深上班族，坐在辦公桌前打哈欠、找資料，一看就是沒睡夠，對他來說，既然已經睡很少了，那就要睡很好，這樣才能健康。
  - 一個 22 歲的年輕人，可能剛聚會回來，站在家門口正猶豫要回家，還是去續攤。對他而言，整夜不睡、玩通宵，就是很健康。
- B 利益：能睡就睡，就是健康／既然睡得少，就要睡得好／健康就是不用睡。

TPO 產品利益練習：健康

A 主角 （行為）	T 時間	P 地點	O 情緒動機	B 利益
睡眠	60 歲	客廳沙發上	小憩放鬆	能睡就是 健康
睡眠	45 歲	辦公桌前	上班中	因為睡少 更要睡好
睡眠	22 歲	家門口	回家還是續攤	一直玩 不用睡

從這兩次練習中，可以順帶解釋在前面「三意轉換」的訓練中，同一個人對同一件事的「意義」解讀，會因為每個人當下的處境不同，而產生不同的認知。

再回到「啤酒」這個商品，但主角從「一個人」變成「一群人」。接下來，你來玩玩看。以下的時間地點都是舉例，相信你可以想出更多組合項目。

【換你玩】ＴＰＯ產品利益練習主題：啤酒

- A 主角：一群人
- T 時間：什麼時間？晚上下班回家／週末下午／凌晨？
- P 地點：哪種場合？熱炒店／慶功宴／露營地？
- O 情緒或動機：為什麼喝啤酒？
- B 利益：喝了啤酒有什麼好處？

TPO 產品利益練習：BEER

A 主角	T 時間	P 地點	O 情緒動機	B 利益
一群人				

幫我拿一下
啤酒

關於一群人喝啤酒的利益練習，如果真的想不出來，可以參考連結這支廣告（幫我拿一下啤酒），說不定可以激發想像空間，你也可以從這裡體驗到，同樣的啤酒產品，能夠開展這麼多不同的劇情。

在商業提案的實務工作中，我們常把許多點子集結在一支廣告上，讓這些廣告展現新穎的內容。甚至在新興媒體中，我們結合創意和新技術，創造新的視覺陳述效果，這些說不定都能成為「文化改變的創新」。

如果這樣的練習有障礙，我建議先別急，你可以從生活經驗中著手，一定會找到線索。畢竟我們的生活很精采，不是嗎？

心之溝通術

阿里（Ali-Haj）成為受人敬仰的世界拳王，除了自己非凡的拳擊技巧和傲人的成績之外，還有他面對拳擊、面對失敗、面對人生的態度。他曾說：「只要我的腦袋能理解，心能相信它，我就能做到。」（If my mind can conceive it, and my heart can believe it-then I can achieve it.）要讓大腦理解、內心相信，用「說故事」的方式溝通，效果最好的就是我接下來要談的「心之溝通術」。也就是，讓客戶或消費者從腦理解、從心底相信，進而願意付諸行動。

前一章我們介紹了故事化提案的知識觀念：故事架構、需要的元素、可運用的切入點、內容如何舖陳、如何建構合理的情節等等。這一章，我要談的是提案發想上、執行上怎麼做，才能完整呈現故

事化提案，讓提案不只是理性資料說明，還能擁有感性的「心之溝通」。

好萊塢知名劇作大師羅伯特‧麥基（Robert MaKee）曾言：「因為故事是生活的隱喻，故事讓我們有本事活在世界上，有能耐與他人親近，最重要是能與自己親近。」為什麼說故事對溝通很重要？人為什麼喜歡聽故事？心理學家認為，說故事可以強化認知，使自己融入周遭，設計多種對策，應付變動的環境；而喜歡聽故事的人可以從故事中了解別人，探討別人的內心深處，吸取經驗，產生共鳴，也從故事中找到自己。我們可以這麼說：說過、讀過或聽過越多故事的人，越容易懂別人的內心，這些都有助於溝通。

但是也有些人認為用說故事的方法提案，是因為提案者沒有能力完整的針對提案簡報說明，所以拿其他故事來搪塞或閃躲提問。其實不是！我認為，用說故事的方法提案有助於溝通，以下是我自認最好的解釋：

一、故事增強訊息可信度，創造關聯

有時候數字無法取信於人，是因為很多人不明白數字對照於生活或自己來說代表什麼，所以沒感覺。如果用一個故事解釋這個數字代表的意義，串起與對方的關聯，對方才會恍然大悟。

這部分，用引用台灣廣告界前輩孫大偉幫保德信人壽做的平面廣告就能說明。廣告文案是這麼寫的：

智子，請好好照顧我們的孩子。

日航 123 航次波音 747 班機，在東京羽田機場跑道升空，飛往大阪。時間是 1958 年 8 月 18 日下午 6 點 15 分。機上載著 524 位機員、乘客以及他們家人的未來。45 分鐘後，這班飛機在群馬縣的偏遠山區墜毀，僅有 4 人生還，其餘 520 人，成為空難紀錄裡的統計數字。

這次空難，有個發人深省的地方，那就是飛機先發生爆炸，在空中盤旋 5 分鐘後才墜毀。任何人都可以想見當時機上的混亂情形：500 多位活生生的人在這最後的 5 分鐘裡面，除了自己的安危還會想到什麼？谷口先生給了我們答案。在空難現場的一個沾有血跡的袋子裡，智子女士發現了一張令人心酸的紙條。在別人驚惶失措、呼天搶地的機艙裏，為人父、為人夫的谷口先生，寫下給妻子的最後叮嚀：「智子，請好好照顧我們的孩子」，就像他要遠行一樣。

你為谷口先生難過嗎？還是你為人生的無常而感嘆？免除後顧之憂，坦然面對人生，享受人生。這就是保德信 117 年前成立的原因。走在人生的道路上，沒有恐懼，永遠安心──保德信與你同行。

谷口先生只是喪生的 520 人中的其中一人，520 人放在許多空難中，只是一個歷史數字。但是他留下的這張字條，帶著你重新認識那些數字背後真正的情感，回到當事人的現實面。故事並不是把我們從數字中抽離出來，迴避事實，反而是幫助我們從情感面向，

追尋事實，增加資訊的可信度。

二、故事協助對方進入設定的情緒

有些情緒對方原本不理解，透過一個故事他便能理解。有些情緒對方或許理解，而一個好的故事可以讓他理解得更深刻。如我們提的「孤寒大飯店」一案，透過許多獨居長者真實的生活故事，讓民眾感受到他們無助，又不好思意麻煩別人的心情，這就是很好的例子。

三、協助傳達弦外之音

有一些你不方便直接建議，或批評的話，或是在當時場合不方便直接鼓勵客戶的話，可以利用故事創造弦外之音。

四、把硬道理轉化成人生價值

聖經「十誡」中的第七誡是「不可姦淫」。如果把這四個字直接貼在牆上，大概很難有感覺吧？但是，如果以電影或戲劇中，這些外遇者出軌的故事為例子，可能你會發現：哇，原來犯錯之前，他經過這些掙扎、他很空虛很軟弱、他容易受情慾誘惑……這些內心的弱點使他觸犯了誡條，那麼我們該依循什麼信念，才能避開自己心靈上的弱點？

用故事詮釋硬梆梆的道理，影響力一定比教條來得大。

許多正在發生的時事，常被相聲演員或舞台劇演員，用幽默的方式呈現。這些在生活中信手捻來的素材，當然可以成為提案的工具之一；若是提案者分享的是自己的親身經驗，說不定更能引起共鳴。

訓練故事發想即興力

我們常說，故事是生活的隱喻，但是生活快速多變，要把故事說得精準不失焦，讓對方順著你的設計進入情節，產生你期盼的情感，除了知識和經驗的累積之外，平時的自覺訓練，與對周遭環境保持好奇心更是不可少。

例如在你的經驗中，台北東區到了凌晨零點，是夜店最熱鬧的時候。看到梳著包頭穿著暗色衣裙的人，直覺他是宗教相關人士；看到有人拿著交通指揮棒，想到的可能是附近塞車，或是某條路封路。

但是如果把台北東區、凌晨、夜店、宗教人士、指揮交通這幾個元素放在一起，現實生活中好像串不起來。如果他們是在拍戲呢？這一切似乎就合理了。這就是我說的自覺訓練與好奇心。

「三意轉換」就是自覺訓練的項目之一。前面提出案例，取材來自生活中的廣告、我看的書、媒體的報導，還有我的宗教信仰。這些是我在生活中隨手可得的自覺訓練素材。同樣的，你也可以從自己的生活中，發現自覺訓練素材，像是電視廣告、時事話題、戲劇等等。訓練久了「三意轉換」自然會流暢，也能改變思考的慣性。

要說出一個好故事，說出的不僅是情節，更是情感。這是一種整合藝術。在我看來，思考的慣性，是故事發想時最大的阻力，可能會讓你的提案玩不起來，故事說得不動人、不有趣。即興力，是我覺得可以協助突破思考慣性的一種新能力。

在美國，即興力從劇場界的表演能力，發展成企業用於組織溝通、激發工作創意的內部訓練。台灣的表演藝術界，也有許多團體運用即興力，進行劇本的即興創作，像是「勇氣即興劇場」、「一人一故事劇場」、「面白大丈夫劇團」等。這些跳脫演員思想慣性的即興劇，同時挑戰觀眾的思想慣性，慢慢成為受歡迎的演出型態。

演員即興力的訓練，來自演員集體創作即興劇。即興劇沒有劇情設定，沒有角色設定，一切由參與的演員視彼此對話的前後文串接出劇情。所以我參考《即興力：反應快是這樣練出來的》（*Yes, And*）這本書的內容，結合我所學的戲劇理論和創意發想的實務經驗，整理成三個簡單的步驟，協助你拋開思考的框架，同時訓練反應能力。

第一步：胡想亂想／SEE the UNSEEN

就是把看似毫無相關的事物，創造出相關性的能力。這是我們進行提案討論時，腦力激盪的基礎。「胡思亂想」的目的，是要協助你突破思想上的慣性，找出你認為的「不可能」。

我直接用一段即興劇訓練做為範例。即興劇的規則是「No denying」，只要共同演出的夥伴說出來的話，就是事實，大家要無

條件接著演下去。這一組訓練的人員有三位，依演出順序為：老喬、阿凡、小悠。

老喬：（對著阿凡說，口氣有點氣急敗壞）阿凡，你去哪裡了？怎麼這麼晚才回來！媽媽擔心死了！

看到這句話，你覺得老喬是什麼身分？父親？哥哥？弟弟？他又在對誰說話？兒子？女兒？不成器的哥哥？還是愛玩的妹妹？

光憑這句台詞，還沒有辦法定義出接下來的角色和關係。然而，阿凡聽到這句詞之後突然很想整人，所以靈機一動，這麼演：

阿凡：（很開心的音調）汪汪～汪！汪汪汪汪汪～汪汪～

阿凡演了一個超出很多人聯想範圍的角色：狗。但是接下來的小悠不能在阿凡「汪汪」開始演出時，舉手向導演抗議，要求阿凡演回人類，或指著阿凡說不可以這樣。小悠只能接受阿凡的演出。於是小悠想了一下，這麼演：

小悠：（摸著阿凡的頭，看著老喬）好啦～老公別罵了，阿凡回來就好了。看起來牠玩得很開心。

哇，原來這三人的身分和關係是這樣的。

不能拒絕的劇情和台詞，讓阿凡和小悠接著即興演出：無論合理不合理，他們必須先接受，才能進入情節，想到解套的方法。這

就是胡想亂想 SEE the UNSEEN。我覺得這個方法比 Open your mind ／ Open your heart 更接地氣。常常有人跟我說：我知道要我要開放想法，但是我不知道怎麼開放。而即興力、即興劇的訓練，就是訓練你把不合理變得合理。

但是要找朋友或同事一起演即興劇，恐怕沒有人想陪你玩。所以如果你一個人想訓練自己的即興力，可以在吃飯時、排隊買東西時，偷聽旁邊的人的對話，然後腦補一下如果是你，你會說什麼、怎麼做？比如吃麵時旁邊坐著兩個女孩子在聊天說：

> 我們那個同學真的太誇張了，吃喜酒帶兩個人來才包兩
> 千四，真不知她怎麼包得出手！

這時候你可以想像一下，如果你是那位帶了兩個人才包兩千四的同學，你會怎麼回。類似的練習機會可以從生活中找出來，訓練自己的反應力和聯想力。

第二步：想望換位／the Desire

對於人事物的渴望，會為你帶來更多追求的動能。因此 desire 這個英文字藏著兩種心情，一種是 desire to 被滿足，另一種是 desire not satisfy yet 還沒滿足，兩種心情都會產生追求的動能。

你的客戶、你的觀眾會被這兩種動能驅動。不過因為你是提案者，所以想望 desire 必須先由提案者發動。自己先想完故事或情節之後，再換位到客戶或觀眾的角度，想想他會怎麼想。你的感動必須

成為他的感動，你認為的好必須成為他認為的好，他才會有後續行動。

像「三意訓練」中我舉的電線桿售屋廣告，一百坪賣三千六百多萬，你認為這樣實惠的價格，可以滿足買家對人生第一棟別墅的想望；但買家可能對價格低於行情而有所疑惑，懷疑這是凶宅、鬼屋或建材上有問題。基於對方可能會有的想法而做的文案調整，就是想望換位。

第三步：永遠敢做不同／Dare to be different

我們最怕的故事寓言就是才說了開頭，觀眾就知道你想說什麼。所以在準備故事時，你必須先決定：我就是要說得不一樣。

回到第一個步驟舉的即興劇。當阿凡決定要演一隻狗的時候，他這個不一樣的決定，看起來只需要一路「汪」到底，但劇情如果一直發展下去，阿凡必須用「汪」、或其他狗會發出的聲音，演出狗的情緒和狗想說的話，不能像演人類一樣，可以靠文字補充聲音表情的不足。這個挑戰很大。

先不說阿凡演得傳神不傳神，光是他做了這個不一樣的決定，就已經引起在場所有人的注意了。同樣的，在找故事、設計提案內容時，一定要先想想哪些點子、架構還沒有人做過。這些不一樣不見得能讓你成功，但至少你會很快被客戶、被觀眾注意。

在廣告創意中有一種「隨機字詞練習」，可以激發創意即興力。

舉例題目是：電信產業。剛才演即興劇的小悠、阿凡、老喬三個人，利用這個思想遊戲練習動腦會議。他們開始從英文字典中，A 到 Z 字母裡，各自隨機挑一個英文字：Apple、Balvenie（百富威士忌品牌名）、Cambridge（劍橋）做為接下來聯想的依據。

在聯想的過程，會刷掉太相關的字，留下最不相關的。像是小悠選的 Apple 這個字，第一個想到的就是 Apple 手機，但這個字與電信公司太相關了，於是被刷掉。阿凡挑的 Balvenie（百富）和老喬挑的 Cambridge（劍橋）這兩個字比較起來，好像 Balvenie 的關聯性與電信公司最遠，那麼創意發想就會從 Balvenie 開始。

接著，是找出 Balvenie 背後十個相關條件，按照聯想的容易度，從最簡單的，一直排到最難的。例如：Balvenie 是威士忌品牌、Balvenie 是德文字、Balvenie 原文的意思是「貝尼農莊」……最後可能講到 Balvenie 威士忌釀酒的五大手工工藝等事實特徵。

要怎麼把五大手工工藝跟電信公司串在一起？五大手工工藝講求的是人文、細緻、緩慢；電信公司標榜的是高速通訊與即時。這是兩種速度上的反差，習慣速度即時的人，可能受不了手工的細細雕琢。但，如果用「世界越快，心則慢」（中華電信 2015 年形象廣告 Slogan）這兩種速度上的反差就串起來了。我是舉例說明，這當然不是此案的推演創意策略過程。

這個練習最大的目的，是激發大家的即興力，改變思想慣性。因為最直接的關聯性你想得到，大部分人都想得到；但是多層次的聯想可以協助你找出和別人的不一樣。如果你從第一個最容易到最

難的十個相關條件，都能聯想出與產品或服務的關聯性，那麼在你提案的時候，無論客戶提出多麼毫無關聯的問題，你都能找到答案。

　　這個練習也能協助你檢核所找的故事，能不能成為提案上好的隱喻。當你對於即興力的自覺訓練久了，「三意轉換」可能更輕而易舉，甚至你能同時察覺出事件中更多的意義，產生更多的意念聯想，並且發現意思描述。

　　【實作練習題】請你設定一個提案對象，參考小悠、阿凡、老喬三人進行即興力訓練，實際演練一次：

1. 翻英文詞典，挑一個字。這個字和你要回答的題目一點都不相關，但是你得強迫自己使用。
2. 這個字必須是有形體的名詞。
3. 這個字和最後開展的創意之間，最多只能有三個轉折。好好研究名詞背後的特徵或條件。
4. 利用它來發展創意方案，解決你的問題吧！

設計情節與節奏，好好說故事

　　有人說，「莎士比亞的劇本是在舞台上演的，不是用來讀的。」意思是劇本應該要演出來，透過演員的演繹，帶領觀眾進入故事情緒之中。

在玩提案的領域裡，提案者的提案簡報，如同莎士比亞的劇本；提案者的功能，就像這場舞台劇演員。我在〈第二章〉強調的：要消除心中的舞台線、提案者不要把自己當演員，是指提案者不能只是「演出」提案這些動作，而沒有放入自己的真感情。當你製作的提案簡報、透過自己設計的提案情節和安排的節奏進行提案，融入提案內容後，帶領客戶進入情境裡，這是再自然不過的事。

因此提案者要設計一條完整的故事線，而且自己要先進入這個故事中。我們不一定知道好的、偉大的故事是什麼，但我們一定經歷過爛的。像是：

- 拖戲：劇情停滯不前、節奏太慢、細節全部都交代。
- 陳腔濫調：角色行為動機強度不夠。
- 劇情沒邏輯：破綻百出，行為動機不合理。

提案簡報如果沒設計好，也會像這樣。例如，開場講太多，以至於後面該說的內容沒說完，或是講到客戶覺得拖戲不耐煩；你提出的主張對目標消費者來說不夠新穎，變成陳腔濫調；從數據調查到提出解決方案的推演過程邏輯不對，讓觀眾心裡升起一堆問號。

可是在這之前，我發現一個技術問題，就是很多提案者對於時間分配和節奏的掌握力很差。提案簡報每一頁 PPT，是每一幕的轉化，是推動情節順利前進或停滯不前的關鍵。你可以只在中間需要的環節穿插故事性，也可以把整個提案變成故事場景。如果你的 PPT 設計得好，故事串得好，整個提案就是一個具有吸引力的故事。

對於提案簡報製作新手來說，可以先把這份簡報想像成寫作文：一句話還沒說完，用的是逗號；想創造懸疑感或提起大家的興趣，可以用問號。想營造一種恍然大悟、驚訝、驚喜的情境，使用驚嘆號；每個段落結束，或是簡報結束，就畫上句號。

而這些標點符號，要在適當時間點使用，提案才會節奏分明又充實；提案者的時間掌握如果不夠好，是提案失敗的前兆。我覺得時間控制不好都是以下幾個原因造成：

一、不尊重時間

很多人都會說：「不要浪費我的時間。」當你的主管跟你說這句話時，他看重的不是時間價值，而是他投入的時間沒有獲得相同的回報。至於這段時間得到的東西是不是符合期待，則是他的主觀判斷。

因此提案者必須謹記：在會議室中，不是只有你把時間貢獻給提案，你的客戶也花了和你一樣長的時間聽提案，你當然要為他創造出等值回報，讓他聽了有所得。

二、臨時起意的表演欲

盡責的提案的人一定會觀察現場所有人的反應，把對方的認同、不認同、喜歡、疑惑看在眼裡，然後做出反應。但是，請不要為了想說服、想證明、為了努力解惑，甚至是因為對方喜歡而越講越多，從一個主題延伸出許多不相關主題。這樣很容易離題，也無法掌握

提案時間。

過度緊張或過度表達的提案者有一個共同點，就是不會理會現場觀眾的反應。過度緊張的人是受到別人反應的干擾，於是選擇不看；過度表達則是顧著講自己的，完全不管別人的反應。無論是哪一種，都是沉浸在自己的提案時區，很容易忽略應有的提案節奏與時間。

那麼，多長時間，才是最佳提案時間？這沒有標準答案，但我的經驗告訴我：**短的很難，長的怕煩**。

很多對提案還不熟悉的朋友聽到提案時間短，心情上多半是慶幸，覺得撐一下就講完了真好，卻忘了思考怎麼在短時間，把超過20頁的簡報用最精簡卻讓人印象深刻的方式說完。而提案時間太長，提案者又怕沒有足夠的內容撐起這樣的時長，於是加了很多不必要的細節，提案內容因此變得瑣碎。

故事化的提案，就是把提案當成故事來說；優秀的單口相聲演出者，一定會掌握時間、節奏、情節，不會忘記在一些關鍵時刻埋梗，吸引觀眾繼續聽下去。因此我套用三幕劇腳本的概念，整理出「十分鐘提案組合」。

這個組合是以 10 分鐘為一個單位，內含 3 段節奏分配。如果你的提案時間只有 10 分鐘，一組套上去使用剛剛好；假設你的提案時

間是 30 分鐘，你可以視提案要說的章節與內容多寡，把這 30 分鐘切成 3 個 10 分鐘，每個 10 分鐘說明一個章節，或是直接等比例放大「10 分鐘提案組合」，成為 30 分鐘版本。

這個組合是讓提案初學者有一個參考基準。如果你已經有提案經驗，也可以調整出適合自己的節奏。你可以同時翻回到第三章對照閱讀，協助你建立更完整的節奏掌握觀念。接下來，我用條列式的方式整理，方便你直接掌握每個時段的重點。

George 教練帶你做

練習 10 分鐘提案組合

0-2mins 開場：Opening

要說什麼內容：

1. 得到的情報：包含市場環境、目標消費者、專案目標及目的等等。
   也就是故事發生的客觀描述。
2. 故事可能發生的原因：從情報中，推測客戶為什麼設定這個專案
   目標及目的，以及背後的原因。
3. 提案主張的重點及思考方式：簡單說明你的主張是什麼？為什麼
   這麼想？同時邀請觀眾進入你的思考世界。對於主張的詳細解釋
   及證明內容，是下一個段落才要說的事。

心態準備：

1. 知道跟誰講話，熟知目前觀眾背景、職階、作業文化。
2. 分析觀眾和自己目前的情緒，並加以預防。

要預防的情緒：

1. 不安／尷尬／不確定性：提案開場前等待提案開始的空白時間，
   和客戶端與會者陸續交換完名片以後，彼此可能不太熟悉，又找
   不到話題聊，氣氛難免會有點尷尬不安。這種尷尬不安的心情不
   止提案者會有，客戶端的與會者也會有。客戶端代表的不安原因

可能比提案者還多一項，就是他不確定這次提案會聽到什麼，提案內容能不能對主管交代。

2. 超高強度的興奮與過多期待：超高強度的興奮與過多的期待，最常表現在提案開始前，主持人的介紹。例如：George 是「神提案」啊，他們公司很貴啊，他們都專門做很大的客戶啊。

這些太過強烈的興奮感常常無法避免，而且對提案者來說很危險；但提案者如果在這時解釋太多，反而容易把觀眾的注意力轉移到這些有點浮誇的介紹上。所以這個時候，不適合為自己解釋太多。

又例如：這是我們第一家提案者，我們總經理很期待，這次行銷專案結束之後，今年內就把這個三個品牌全部晉升到市場前 10 名。

呃……，這個期望並不在我們得知的 brief 中，而且他們現在什麼名次都沒有，就要靠這次行銷案進入市場前 10 名……。與會的其他客戶代表們也因為突然被提高 KPI 而覺得尷尬與害怕，無形中提高了對這次提案的期待值與標準。

進攻與布局方式：

1. 在內容上→引起好奇、驚喜：沒錯，就是利用簡報、利用語言，吸引對方的目光，建立專注度。
2. 在態度上→清空現場亂流：就是重新抓回提案的主控權，為觀眾建立足夠的安全、穩定感。比如主持人用「神提案」介紹我，我會回：「神提案」是一本著作，但是提案都不是一個人的事情，

是團隊一起合作完成的，在過去，團隊也的確做了許多神級的作品，但是都不是只有單單提案，那我們希望提得清楚。這樣說是用來降低標準，把團隊的功能帶進來，不能把提案重心都放在我身上。

又如主持人提出「進入前十名」這個不在 brief 之中的過高期望，我可能會這麼回應：太棒了，我們怎麼沒有接到這個 brief？你們怎麼沒跟我說老總說要進入前 10 名？

如果想展現積極的態度，那我可能就會這麼說：哇！我覺得的太棒了！真的，我們一起努力，等一下我們一起來檢查案子裡面有哪些可以再加把勁。要站上市場前 10 名，除了品牌工程之外，還有銷售通路還有與競爭對手等層面考量，但站上前 10 名是我們今天才聽到的，可能在我們說明銷售通路那一部份時，會再多請教各位的意見。

於是在後面的提案過程中，一邊說明，一邊提供相關建議。

成功開場破題之後，接下來要為你的主張提出證明，突破客戶的固有思想，並且建議適合的行動方案。

2-7mins 情節發展：Body

要說什麼內容：

1. 為什麼提出這個主張與行動：從許多參考資料、田野調查、市場變化中觀察、發現了什麼？消費者可能有哪些新需求？這些需求轉換成主張的思考過程是什麼？建議哪些客戶及消費者可以依循

的行動方案？

2. 關鍵的突破和改變：這個主張和行動可以創造什麼成果？怎麼證明你能做得到？當面對客戶的固有想法時，怎麼去改變突破？希望為客戶帶來什麼啟示？這些改變為客戶帶來什麼好處？有沒有參考案例？

這個段落要說明的內容最多，因此建議提案初學者，可以先依據我列出的問題整理出層次，再從前面幾章提供的「工具」中挑選適合的，放在這個段落來使用。

心態準備：隨時面對人性中的心口不一

如果你的客戶從頭到尾都很進入狀況，就不用擔心；但人生不會總是這麼美好。絕大部份的提案現場，客戶不會把他的認同或不認同表現在臉上，尤其是會議室裡坐滿人的時候。也許他們不在狀況內卻頻頻點頭，也許他支持你的看法卻面無表情，這些都是常有的反應。

而有時心口不一的那個人就是提案者。在該展現興奮的時候，提案者的語調卻很平靜；明明沒有把握能解決客戶的提問，卻表現得超有信心。對客戶的讚美太過浮誇，笑容又是皮笑肉不笑。這些心口不一，很容易被客戶識破。

故事感人，是因為角色真誠；遊戲好玩，是因為大家「玩真的」。如果你會因為「打假球」而生氣，不妨想想，客戶察覺你在提案時不真誠，會是什麼心情。

不專心、不理解、不認同。一旦客戶出現這些情緒，接下來就會出現反對的行動。

建立角色的真實情感。

例如向按摩椅客戶提案。這個商品訴求的使用者是父親，購買者可能是子女或是父親自己。該怎麼説才能讓客戶明白，你很貼近按摩椅這個商品的消費者需求？也許你可以對客戶這麼説：

我們都了解，按摩椅的價格不是太便宜。可是什麼時候會讓父親自己，或是想孝順的子女，真的覺得這個價格，花得很值得？或許我們可以從「補償心理」來想想。

父親為了家庭、照顧子女，付出半輩子光陰。到了可以放下責任的時候，買一張照顧自己下半生健康的按摩椅，代表犒賞自己過去的辛勞，代表未來可以更輕鬆、更快樂、更慢活。

而已經成家的子女雖不與父親同住，對於父親的健康照顧卻也不馬虎。一張好的按摩椅代表子女的孝心，父親在放鬆全身疲勞時，一定會覺得：小孩沒有白養！

假設客戶對你提出的創意、策略都不太認同，那麼演活一位父親的觀點，或許是你最後翻身的關鍵。這就是故事，可以在某些關鍵時刻，稍微脫離提案現狀，轉化理性的策略或尖鋭的不認同。

關於消費者的心情、可能發生的故事，在提案前要先準備好，以備不時之需。

7-10 mins 結論：Close

要說什麼內容：為這次提案做總結。

心態準備：

在這個階段，提案者不是得到客戶的批判，就是從彼此的回饋中有所學習。客戶也將在這個階段決定是否合作；如果有意願合作，彼此的信任關係將會敞開。

要預防的情緒：

1. 擔憂：如果客戶選擇與你合作，自然會擔憂這個選擇「是不是最好的」，預算花得值不值得。
2. 恐懼：恐懼的來源通常是缺乏信心，基於對風險的恐懼，於是不想做決定。
3. 失去主控權：原本客戶有自己的想法，但被你的提案說服了。在決定與你合作後，他擔心失去這個案子的主導權，有可能會用挑剔的行為宣誓主權。

進攻與布局方式：

化攻為守、表達軟弱。你可以直接把客戶的擔憂說出來，同時承認：沒有一個案子是十足完美的。示弱的目的，是降低客戶對失去主控權的不安；把客戶的擔心說出來，代表你已經先預想過他可能會有的擔心，並且把他的擔心納入討論中，而不是直率地否決或直接忽

視。也許你可以這麼說：

- 您剛才對預算分配，還有對策略執行上的擔心，我是認同的。所以我在想，是不是在 KPI 的設定上，多讓幾個區域來承擔？
- 我們剛才有幾個想法還滿堅持的，不知道您覺得如何？我們很想聽聽您的看法，看看我們有沒有什麼地方是需要調整的。

在這個時段，提案者同時處理客戶的情緒和訊息。我們要創造的是對話的機會，化解對方的不安、對風險的恐懼，讓他擁有主控權。如果在這個階段太過強勢，那可能整個提案都會翻船。

George 教練提醒

提醒 1

如果你把提案拆成 N 個 10 分鐘，請記得在上一個章節下小結論時，順帶鋪陳下一階段的開場介紹。「10 分鐘提案組合」的基本時間分配如圖示：

如果你的提案是由 N 個 10 分鐘所組成，那麼節奏圖就會變成

| 分鐘 | 0 2 | | 7 10/0 2 | | 7 10/0 2 | | 7 10 |

所以記得要在每一章節結束與下一章節開啟的時段，想好銜接方式。客戶如果在上一個階段買單了，自然會期待下個階段你想帶給他什麼。

提醒 2

一開始練習時，先練習 10 分鐘基本款比較好。等到基本款熟悉之後，再慢慢把難度提高，以 10 分鐘為單位加長提案的時間。

George 教練心聲

對我來說，提案就像是設計給對方玩的尋寶遊戲，不能直接告訴對方寶藏的位置，要繞一個彎，用導引的方式讓客戶一步一步明白我們想朝哪個方向走，從這個過程中建立夥伴情誼和共識。

在這導引過程中，有問題、會出現障礙，需要探究事實與發現，會有提案挑戰和危機，也會有衝突和壓力，這都是尋寶遊戲進行時的故事線。

有時候我們認為是客觀的建議，客戶仍免不了覺得我們是基於有利我方執行或利潤，所以提出這些建議。事實上，客戶本身也是帶著自己的主觀而來，他們的主觀來自於過去的成敗經驗、企業文化、產業特性等等。於是提案很容易成為攻防遊戲。

這就是為什麼要在提案中加入故事性的原因。因為過程中客戶和你都有彼此的主觀，會有理解或不理解；而故事性可以創造對白，讓你與客戶之間有對話的機會。如果只把企劃案 e-mail 給客戶，充其量只是寄了一份故事文本給對方而沒有詮釋，就像莎士比亞的經典舞台劇少了好的演員演出是一樣的。

要成功導引客戶進入你設計的故事性提案，你如何塑造你選定的「開局角色」（參見第三章）就是重要關鍵。就像在職場上，主管的角色是協助部屬解惑、進步，給予方向，而不只是名片上的頭銜，你在提案時，如果選定用教練做為開局角色，那麼提案過程中，你可能需要以客戶教練的角度，結合自己的高度專業性，在必要時為客戶深入解說。

走過征途，
迎接下一個提案

你們的話，是就説是，不是就説不是，
若再多説，就是出於那惡者。

——馬太福音 5：37

我喜歡用戲劇觀點看提案、玩創意，大概和我研究所主修戲劇有關係。每一次提案時，我會把前幾章要談的內容在腦海RUN一遍，想想怎麼說、怎麼鋪陳、怎麼推進層次，才能讓客戶順著我的邏輯感受提案的精采。提案結束後再看簡報，我甚至能記得當時說了什麼。

　　後來發現每一次「玩提案」時，我口說的內容，一定都比簡報敘述還多。我不喜歡、也不認為自己是忠實照稿提案的「PPT播報員」，因為我覺得：說出的話有能量，提案的腳本可以堆疊層次。

　　提案「玩」到尾聲，我用 Word 和 Script 兩個字，把玩提案需要具備的能力和知識，為各位朋友總結和歸納。

對白推進情節，展現 Word Power

　　好萊塢劇作大師羅伯特・麥基（Robert McKee），被《衛報》（*The Guardian*）譽為「繼亞理斯多德後，最有影響力的故事理論家」。他在《對白的解剖》（*Dialogue*）中提到：「對白不論於戲劇或敘述中，一概具有三種基本功能：解說、角色塑造、行動。」完全解釋了為什麼我認為提案者不應該是「PPT播報員」。

　　我認為「話語」是推進提案情節、張力時最重要的工具，必須緊扣提案最想傳達的價值和精神。要怎麼展現 Word Power？不如我們直接拆解組成 WORD 的四個字母，來解釋提案時怎麼「好好說話」。

Wide 寬廣

面對參考資料蒐集的範圍，提案過程中的各種想法，心態要寬廣。參考資料範圍大，提案時能舉出的實例更全面；對各種想法接受度大，就不至於因為無法預料的提問而說錯話。

Wise 智慧

學習提案的過程，請放下身段，用智慧學習。我覺得提案是回合制遊戲，每回合遇到的關卡、魔王都不一樣，只能靠不斷累積的經驗值突圍。每一次提案對我來說，都是一次新的學習。如果你想成為優秀的提案者，我建議：

1. 首先當一個熱情、勇敢負責的觀眾。在台下聽提案，你要回應講者。回應是讓對方知道他說得好不好；說得好就讚美，不好就拒絕，這也是鍛鍊心智最好的方法。事實上，從一般會議回饋給講者的內容，都可以看出提案力。回饋意見要簡潔，批評要具體，其實真的不容易。

2. 了解自己的能力與程度。素人美食部落客和專業美食評論家寫的評論，一定有專業、文化或文字深淺的差別，但都會讓讀者覺得好吃。用智慧找出定位，說出自己有把握的內容，反而能讓客戶感受真誠。如果自己都覺得不好玩，那就快轉移話題，往下一個情節邁進，千萬別硬撐。

3. 回到玩家的精神態度：越想玩，越能玩得好。很多提案者看

了提案書，做了很多練習，還是不願改掉一些舊習慣。這是學習意願的問題。要發自內在真心想學、真心願意調整，提案能力才會提升。

Open & Obstacle　開放與障礙

客戶願意接受提案，還是有障礙，通常取決既有的認知與既定的習慣。所以提案者才要想辦法把提案說清楚，讓客戶聽得懂、有感覺。當客戶對提案有感覺，才會相信這份提案，而不是相信提案之後才對案子有感覺。

廣告做久了，長期洞察消費者，再加上教會服務經驗，我發現有時人們會擺出驕傲的姿態質疑你的提案。事實上，這正是因為他害怕不能掌握全局，或害怕自己的價值觀被顛覆，所以用驕傲掩飾不安。提案者如果能察覺這份不安，適時示弱、安撫、說明，才能創造雙向溝通的機會。然而，先開放的人必須是提案者，誰越在乎，誰付出就越多。當你真心誠意，就能無懼溝通。

Reflection & Reaction　反映和反應

提案過程一定會面對客戶的質疑、挑戰、漠視、不理解；有時懷疑的眼神一甩過來，言語攻擊立刻出現；有時是競爭落敗，有時是客戶對你產生誤解。在這個處境下你的反應方式，反映了你抱持的人生態度與價值觀。同樣的，客戶出現這些行為，也反映了他們的人生態度和價值觀。所以這個時候，需要打開你的眼睛與耳朵，觀察客戶的狀態、眼神、肢體語言，觀察誰握有最後的決定權；聽

懂客戶說什麼、想要什麼，同時也要知道提案團隊的自己人在說什麼，不要接錯話。理解一個人想法最好的時機，往往不是他提出的論證，而是看他對衝突的反應。

Direction & Develop　方向與發展

提案擬定的策略，就像指南針一樣指向確定方向。方向正確了，行動方案才會正確。不過我們常常發展了一堆行動方案，才發現和策略方向不符。這就像你去喝喜酒，明明是男方親友，紅包卻包給女方，甚至不小心拿了喜餅一樣。

通常我會分三個層次，找出提案方向：

● 第一層：這個提案改變什麼？現狀為什麼要改變？

簡單來說，就是找出這場遊戲的起點和終點，決定前進的方向。在決定方向前，難免會自我提問：為什麼要從起點走向終點？一直待在起點不好嗎？走到終點後對客戶有什麼好處？在移動過程中又能得到什麼？原本你以為不可能改變的事情或想法，有沒有可能被這次提案改變？

這些問題將建構提案的基礎，也就是〈第五章〉「三意轉換」中的「意思」。

第二層：有沒有想達成的理想或使命？能不能結合理想使命，提升客戶價值，與競爭品牌拉開差距？

也就是說，提案者如何在第一層「意思」思考上，增加價值感，把提案提升到「意念」層次。

如果我提案時這麼說：

我們家的塑膠廠，經過不斷整理改進以後，已經開始進行第三期工程。在這個階段，產能可以從原本的 300 萬噸提升到 500 萬噸，同時成本比之前降低 75%。

這有點像「就事論事」，把報價單口語化。但換成這樣說呢：

我們塑膠廠目前的產能，已經從原來的 300 萬噸提升到 500 萬噸，而且成本還降低，如果用以前的價格來算，每 1 元報價我還可以再減 1 毛利潤給你。這是我們最大的誠意了。這些硬體升級工程要花很多時間，但我們願意投資，也許對第一次使用新硬體的貴公司來說，改變作業流程會有製程上的風險，但這套硬體可以調整出少量多樣客製化製程，貴公司可以開始承接少量多樣的訂單，這對貴公司和我們的生產鏈都有極大的價值。

現在的提案，就不只是「口語報價單」，而是提升生產效能、找出新的營運模式的合作案。從「意思」提升到「意念」，提案者必須換位思考，從客戶的角度看到合作後的發展可能，才有辦法改變客戶的既定看法。

第三層：提案把什麼「不可能」變成「可能」？創造哪些價值，超越成功合作後，彼此得到的利益？

第三層思考，有點像戲劇理論的「超越性」。比如許多戰爭電影中，隊友捨棄生命只為完成進攻任務，或是拯救更多生命；隊友的大愛超過自己的求生本能，這就是「超越性」。

如果提案可以創造比交易本身更高的期待，提案就具有「超越性」。超越性不只展現在提案上，也能展現在每年例行的年度專案上。

我看過的很多提案，思考層次大概停留在第一層：把該說的資訊說完。這樣的提案停留在資訊上的溝通，沒辦法推升到情感認同層面，無法讓客戶成為你的玩伴。或許你會說：這樣好燒腦，而且客戶不見得需要高層次的提案啊！是的，客戶也許不需要，不過這就是「把不可能變可能」的範圍，是挑戰提案玩技的時候。如果有機會，為什麼不玩玩看，不玩誰知道？

SCRIPT 提案有所本，發揮創造觀

找出提案要說的話後，接下來的課題就是：怎麼說。把所有想說的話，轉變成栩栩如生的行動，就是腳本（Script）的功能。

每一本改編成電影的小說，中間一定會經過人物設定、場景設定、故事氛圍營造、視覺、聽覺、顏色、意識型態等轉換，把一本單純、平面、安靜、描述性的文字，架構成立體、有行動、有血肉、有生命、有情節的電影。

我們的提案簡報，就像是還沒改編成電影的小說。客戶如果用閱讀理解內容，需要發揮很多想像。即使這樣，說不定還沒辦法掌握真正的精華。而提案腳本則是協助提案者，把平靜的簡報內容，變成一幕一幕推進故事的行動。因此我用 SCRIPT 這個英文字，歸納前幾章談到的玩提案技法。

Scene，場景

場景，是故事發生的源頭。對提案來說，具有定錨的功能，能決定這次提案、這個故事吸引哪些目標對象，同時設定提案與故事的格局，對目標對象進行心理暗示。

為什麼場景有定錨功能？因為同樣的事情放在不同場景，創造的超越性跟衝擊力差很多。例如一位手拿聖經的宣教士，站在講台上面對信眾，或是站在馬路上與一群鎮暴警察對峙，哪一種生命場景的張力較強？（關於場景描述、如何掌握，可以運用哪些工具輔助，可回頭看看〈第四章〉）

Character，角色

提案者必須誠實面對自己。如何進入故事角色，你的角色如何面對不同情況。假設你是菜鳥警察，第一次出任務就是要攻破大門，營救重要人質。這時，在門外拿槍準備衝進去的你，可能要對決同樣拿著槍挾持人質、準備玉石俱焚的重刑犯。這時你會想什麼？該瞄準犯人哪個部位？該怎麼聲東擊西？還是冒險搶回人質再說？

劇作家說，這都是屬於自己的人設思考，沒有進入菜鳥警察眼中的世界。如果真的進入他的世界，可能聽到的是自己的喘氣聲，緊張的汗水流進眼睛卻不敢擦，拿著槍的手在抖，心裡同時還想著：我要這麼拚命嗎？我會不會死？這就是編劇常說的「發現真實」。提案時，當你完成角色設定預判，臨場上的即興回應呈現出的都是角色的真實。

Resonant，共鳴點

提案時有三個必然點，會產生真正的共鳴：

● 情緒 feeling ～情感連結 emotional bounding

觀眾接受提案者帶來情緒刺激，在當完全理解的過程中會產生認同作用，這不只是情緒上的接受，而是會進入這個故事的連結。

● 從發現群體洞察 insight ～分享觸動 spiritual sight

提案的資訊交換與說服，是讓觀眾明白提案所有論述的根基，最終會誘發觀眾的想像力及超越性。正是提案達到思想交換的高潮，產生 1 ＋ 1 ＞ 2 的價值。

● 從懷疑 what how why ～相信 wow

事實證明很重要，但玩提案不是檢查論證合理與否，而是相信「看似不可能的可能」。亞里斯多德說，「為了故事，寧可選取令人相信不可能發生的，但放棄可能發生但不具說服力的。」因為可信度不等於實際情形，更與現實無關。

　　如何以玩心練習，在日常生活中讓認同發生，我提供兩個實用建議：

閱讀研究、誠心聊天

這是提案者的基本功，世界之大，新奇之物隨你挑。好好與生活中會遇到的人物用心聊天，絕對可以感知人們的喜惡。

愛上觀察、儀式紀律

有時必須帶領客戶感受目標族群的文化脈絡、時代特色，以及他們眼中看到的世界。觀影習慣自問自答，聽演講習慣筆記，或是固定發表文字心得，都是很好的練習方式。

　　當我們發展了有生命力的場景、找出角色中的世界、想聯結的情感，接下來，就是透過表演詮釋，創造讓客戶跟隨提案的共鳴與認同。

　　演出若不真實，無法展現生命力。提案的演出應該要展現的是，你的本性與真心誠意。提案者應該把握以下三點：

- **情緒**：具體、抽象交叉使用，做有思想的活人，不是念稿機器。
- **反應**：故事給你的真實想法，勿以官方標準評斷。
- **語氣**：建立劇情節奏與調性，你想要的語氣，而不是你想模仿的

語氣。

Trust，信任感

隨著腳本一路推進，我們協助客戶創造許多新改變，展現許多新可能，慢慢贏得全盤信任。這個腳本，會慢慢成為該客戶專屬、獨一無二的版本。

少了信任感，即使故事發想再精采、市場分析再完備，仍然很難爭取勝利。

有一次我帶領團隊爭取某個外國品牌的年度比稿，該品牌引進台灣時我曾經參與過，因此相當了解他在全球市場的定位，和在台灣發展的過程，再加上團隊共同創造的提案內容很精采，我心想：這個案子應該是十拿九穩吧。

沒想到該品牌全球 CEO 臨時飛來台灣，四處聽取各家比稿。在開始提案前，總經理帶著有點挑戰的口吻，問我的團隊曾經服務過哪些跨國品牌。我心想，總經理在做 reference check。比起其他競爭對手，我們集團也不會輸，於是我也洋洋灑灑列舉許多企業名單。

從市場觀察、消費者分析，當前生活型態與品牌主張如何契合、行銷與廣告創意執行，我的團隊都深具信心，也沒遇到意料之外的提問。但是，我們沒有拿下這個案子。

得知結果時，我有點沮喪，也一直檢討為什麼準備得如此完

整，全心投入提案中，最後還是沒拿到。後來教會的弟兄告訴我：「George，這代表你和這家品牌之間，沒有 Chemistry。」我聽到這句話，忍不住反問：什麼 Chemistry ？這解釋會不會太不負責任了？

他接著跟我說：有時候這種 Chemistry，就是你和他之間沒有感覺，他最後不信任你，不相信你們可以走下去。這種感覺無關真理。

我仔細想想，為什麼會讓對方覺得我們之間沒有 Chemistry ？可能是我提案時不自覺展現的英雄主義，讓對方有壓迫感；可能是我「太愛演」、太熱情了，對方不喜歡。而這次失敗，或許是上帝在提醒我：即使身在有把握的環境，還是要懂得謙卑。

有時候信任感建立的過程很直觀。無論是輸是贏，都別太受傷，至少你好好玩了一場！

放下輸贏，好好玩一場

從發展生命力的場景、發現角色眼中的世界、發揮自己的創造觀，到對客戶發行專屬腳本，提案呈現出對客戶、對目標消費者的「意義」，促使客戶或消費者追求。那麼，在提案之外，無論是情場、商場或人生戰場，身為提案者的你追求什麼意義？如果不清楚自己追求什麼，別人又怎麼能看見你身上的動力，接著被你吸引、跟著你，追求你所追求的？

故事的產生，源自於作者的創造觀；我們選擇喜歡的故事，進入作者創造的世界，在這個世界裡跟著主角和情節歡喜悲傷。提案的邏輯也是這樣，我們運用故事化的手法，帶著客戶看見我們看見

的、發現我們發現的，慢慢認同我們建構的故事。創造觀來自於自身的價值信仰。如果你支持環保，你一定會做好垃圾分類；如果你是新創家，你一定會挑戰新市場。不同的提案者，發揮出的創造觀一定不一樣；提案者的提案的風格也將因此建立。

對我來說，提案不是一份工作，而是生活中隨時會出現的思想遊戲，我才是這場遊戲的主角。在對別人提案之前，我必須先向自己提案，讓自己先買單，才能讓別人買單。當然，能讓自己買單的價值，別人不見得會願意買，那麼這時候，你想說一些得過且過的陳腔濫調，還是堅持不容易堅持的立場？如果一直玩陳腔濫調的遊戲，別人還沒膩，自己可能先玩膩了吧！想堅持不容易堅持的立場，即使慘烈（像我沒拿到案子，如果重新再來，我應該還是會熱情提案，因為這就是我），我還是覺得很好玩啊！

許多電影、流行歌、運動、遊戲，創造的不只是流行娛樂，背後一定有一種讓人願意追求的情感體驗。創作者透過這些媒介向你提案，同時也在找新的視角、新的觀點，避免自己陳腔濫調。你喜不喜歡成為一個陳腔濫調的人，喜歡得過且過嗎？答案只有自己知道。

一個不可取代的提案，通常不是「完美的提案」，而是最有共鳴、能引起客戶期盼與渴望的提案。這些期盼與渴望，往往藏在你我的生活之中。這就是為什麼我在本書開場就提到：我們一直生活在提案的遊戲裡，我們的生活處處是提案。無論這次提案成功或失敗，總有下一次等著你玩。與其記著失敗的慘烈，不如放下失敗，再起一局。遲早有一天，你會玩到「天人合一」。

放開一點，讓我們再玩一局！

Let's play ！

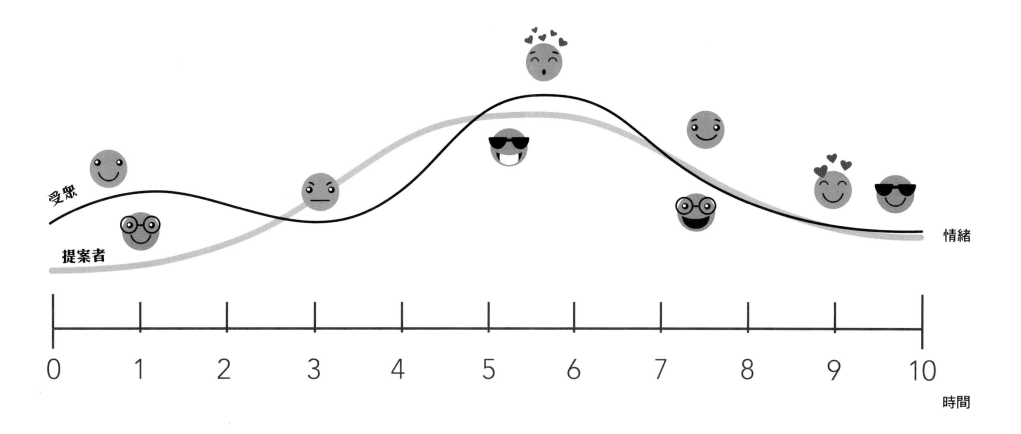

受眾

提案者

情緒

0 1 2 3 4 5 6 7 8 9 10

時間

臨場的死蔭幽谷

pening

情緒：緊張、尷尬、熱情、開朗

任務：臨場暖機時刻，整合複雜資訊。此時必須冷靜破題，界定事實、
設前提

dy

情緒：積極、安定、自信、同理群體，自我鼓勵

任務：說明與說服的階段，容易陷入挑戰、遭受攻擊、被懷疑，失去
主，引發非必要論證

ose

情緒：有加分效果的幽默感，有道理的興奮，誠懇勇敢

任務：小結時刻，表露自我與提案群體的真實關係，相信所言必能表

台下觀眾的死蔭幽谷

0-2 opening

MOOD 情緒：混沌、疲憊、緊張、興奮、無聊、無奈
TASK 任務：聆聽提案，能否引起興趣及關注

3-7 body

MOOD 情緒：思想糾纏、認同、期待、猶豫、不解、不耐煩、焦急或失焦
TASK 任務：提案說明與說服階段，觀眾進入深刻思考，檢核，開啟回應，面
對工作責任或壓力

8-10 close

MOOD 情緒：放鬆、大膽、敞開、理性、感恩
TASK 任務：小結時刻，不論結果，觀眾與提案者都在比較放鬆的狀態

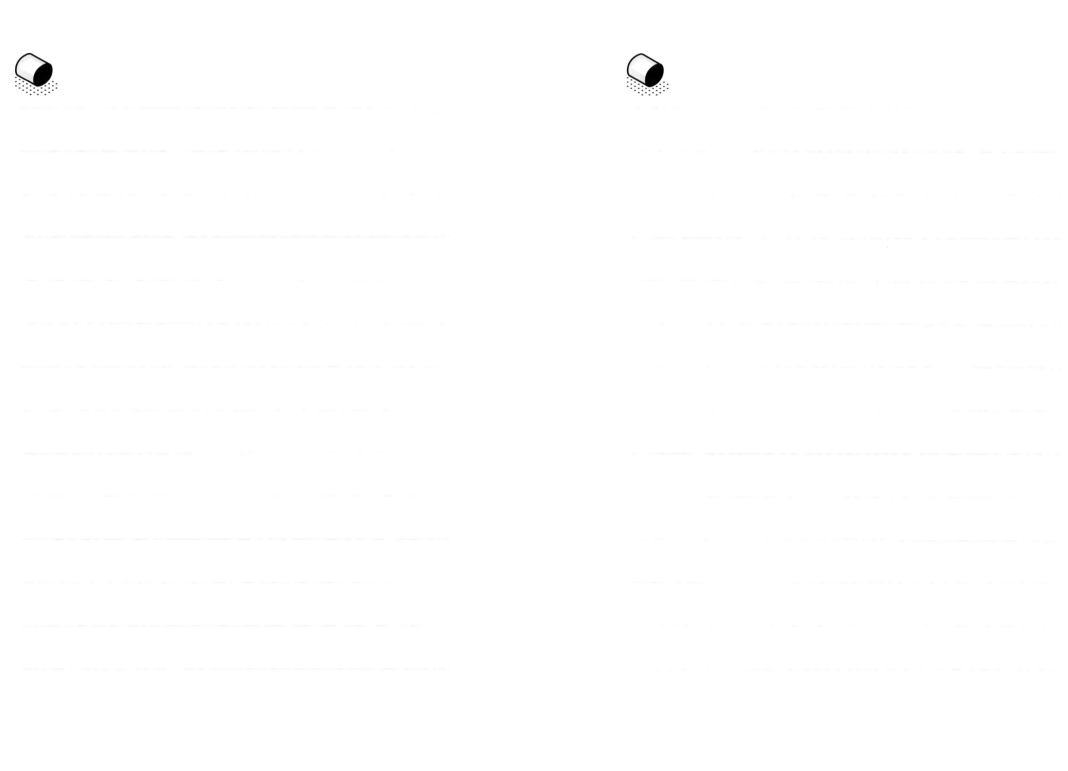

玩提案

作者	黃志靖
商周集團榮譽發行人	金惟純
商周集團執行長	郭奕伶
視覺顧問	陳栩椿
商業周刊出版部	
總編輯	余幸娟
責任編輯	涂逸凡
封面設計	走路花工作室
內頁排版	点泛視覺設計工作室
出版發行	城邦文化事業股份有限公司 商業周刊
地址	104 台北市中山區民生東路二段 141 號 4 樓
傳真服務	(02) 2503-6989
劃撥帳號	50003033
戶名	英屬蓋曼群島商家庭傳媒股份有限公司城邦分公司
網站	www.businessweekly.com.tw
香港發行所	城邦 (香港) 出版集團有限公司
	香港灣仔駱克道 193 號東超商業中心 1 樓
	電話：(852)25086231
	傳真：(852)25789337
	E-mail：hkcite@biznetvigator.com
製版印刷	中原造像股份有限公司
總經銷	聯合發行股份有限公司　電話：02-2917-8022
初版 1 刷	2021 年 09 月
定價	380 元
ISBN	978-986-5519-70-4　（平裝）

國家圖書館出版品預行編目 (CIP) 資料

玩提案 / 黃志靖著 . -- 初版 . -- 臺北市：城邦文化事業
股份有限公司商業周刊 , 2021.09
　面；　公分
ISBN 978-986-5519-70-4(平裝)

1. 企劃書

494.1   110013627

藍學堂

學習・奇趣・輕鬆讀